智能配电技术创新成果报告

主 编　宫德锋　于　睿　董旭柱

U0291436

中国水利水电出版社
www.waterpub.com.cn
·北京·

内 容 提 要

为促进智能配电技术高质量发展，服务智能配电创新成果示范应用，中能国研（北京）电力科学研究院联合各单位共同推出《智能配电技术创新成果报告》。本书邀请行业资深专家对智能配电技术发展现状、应用情况及发展趋势进行解读，提出专业创新发展观点，为智能配电技术描绘中长期发展情景；通过深度调研、创新示范应用单位走访，分析和总结国网、南网以及典型省市智能配电建设现状、典型案例及现存问题，提出智能配电建设提升需求与建议；结合专业发展方向和创新研发需求，征集筛选优秀创新案例，展示行业获奖成果，作为专业发展参考，为后续企业开展技术研发与合作、成果推广与转化奠定基础。

希望以本书为契机，建立常态化、可持续的《电力行业专题系列创新成果报告》机制，搭建专家库、需求库及成果库，为供需对接、成果转化提供交流平台，实现需求引领技术发展、技术完成有效转化、成果获得有效应用的良性互动，引导专业发展，服务生产实际。

图书在版编目（CIP）数据

智能配电技术创新成果报告 / 宫德锋，于睿，董旭柱主编. -- 北京 ：中国水利水电出版社，2023.9
ISBN 978-7-5226-1800-5

Ⅰ．①智… Ⅱ．①宫… ②于… ③董… Ⅲ．①智能控制－配电系统－研究报告－中国 Ⅳ．①TM727

中国国家版本馆CIP数据核字（2023）第179118号

书　　名	**智能配电技术创新成果报告** ZHINENG PEIDIAN JISHU CHUANGXIN CHENGGUO BAOGAO	
作　　者	主编 宫德锋 于 睿 董旭柱	
出版发行	中国水利水电出版社 （北京市海淀区玉渊潭南路1号D座　100038） 网址：www.waterpub.com.cn E-mail：sales@mwr.gov.cn 电话：（010）68545888（营销中心）	
经　　售	北京科水图书销售有限公司 电话：（010）68545874、63202643 全国各地新华书店和相关出版物销售网点	
排　　版	中国水利水电出版社微机排版中心	
印　　刷	天津嘉恒印务有限公司	
规　　格	184mm×260mm　16开本　9.25印张　225千字	
版　　次	2023年9月第1版　2023年9月第1次印刷	
印　　数	0001—2000册	
定　　价	**98.00元**	

《智能配电技术创新成果报告》编写组

联合主编单位：

国网山东省电力公司泰安供电公司

国网山东省电力公司滨州供电公司

华北电力大学经济与管理学院

中关村智能电力产业技术联盟

中能国研（北京）电力科学研究院

参编单位：

上海宏力达信息技术股份有限公司

武汉大学电气与自动化学院

中电联（北京）科技发展有限公司

国网河北省电力有限公司电力科学研究院

国网上海能源互联网研究院

四川大学电气工程学院

广东电网有限责任公司直流配用电研究中心

南方电网科学研究院有限责任公司

南方电网数字电网研究院有限公司

国网浙江省电力有限公司宁波供电公司

广东电网有限责任公司广州供电局

广东电网有限责任公司佛山供电局

国网江苏省电力有限公司电力科学研究院

国网四川省电力公司电力科学研究院

国网湖北省电力有限公司电力科学研究院

云南电网有限责任公司电力科学研究院

南网超高压输电公司天生桥局

广西电网有限责任公司贵港供电局

国网冀北电力有限公司承德供电公司

编 委 会

前　言

专业技术发展是科技创新发展的基础，也是国家创新体系建设的重要组成部分。专题系列创新成果报告是专业技术建设的重要环节，是开展高端研究和打造精品创新技术成果的重要载体。中能国研（北京）电力科学研究院（以下简称"中能国研"）作为行业创新服务平台，凝聚专业发展所需的各种创新资源，以打造专题创新报告载体为抓手，开展专业深度研讨与探究，集成专业创新发展路线研究、创新需求调研、创新成果案例总结等内容，建立专题系列创新成果报告常态机制，促进专业技术可持续创新发展，推动科技创新与成果转化。

中能国研（北京）电力科学研究院于 2021 年首次启动《电力行业专题系列创新成果报告》（以下简称《报告》）编制工作，针对快速发展和广泛关注的电力专业领域技术，以年度为单位聚焦不同技术专题方向，提炼电力行业当下重大技术需求及焦点问题，整合各专业顶尖专家、联合各创新单位，通过深入省市走访调研了解技术应用现状和具体需求，筛选和挖掘优质成果，以《报告》为载体，将技术研发方（专家）、产品供给方（厂商）、需求应用方（应用单位）联结起来，实现需求引领技术发展、技术完成有效转化、成果获得有效应用的良性互动。2022 年 3 月，该系列首本分册《电网可视化创新成果报告》在来自科研单位、需求（应用）单位、生产厂商等 60 余位专家学者的支持下正式出版。

智能配电系统是新型电力系统的重要组成部分，是配电技术与物联网和能源互联网技术深度融合产生的一种新型配电形态，汇聚了大量的分布式电源、储能、电动汽车等交互式源荷设施。智能配电系统重点在于融合物理实体与数字孪生配电系统，利用先进技术提升配电系统运营管理和用户服务水平，完成配电设备状态全感知、分布式电源和多元负荷即插即入、数据传输全网络、全域物联全统一、高级业务全应用、区域交易灵活互动等任务，最终实现配电系统的智能化、数字化管理。

为促进智能配电专业高质量发展，服务智能配电创新成果示范应用，

2022 年 6 月，中能国研启动《智能配电技术创新成果报告》编制暨创新成果征集工作，并成立由生产及应用单位、研发企业、科研院所共计 52 名专家学者的编委会团队。通过开展优秀创新成果筛选、创新需求深度调研、创新示范应用单位走访等系列活动，为技术专家、生产商及需求方搭建创新交流与合作平台，共同推动成果转化落地，促进行业向好发展。

总论部分邀请武汉大学电气与自动化学院院长董旭柱教授对新型电力系统下智能配电关键技术发展趋势进行整体论述。观点篇结合大环境分析及需求扫描，分析梳理出需要重点关注的技术，包括透明配电系统和配电数字孪生技术、智能配电装备、分布式电源接入技术与装备、微电网（群）灵活运行技术、源网荷储互动与市场交易技术、直流配电技术，每项技术邀请该领域资深专家进行解读，引导读者进一步了解新型电力系统下智能配电技术的发展现状、应用情况及未来发展趋势。需求篇首先从整体角度对国家电网有限公司和中国南方电网有限责任公司智能配电建设现状及需求进行分析，其次收录来自广东佛山、江苏省、湖北省、四川省、云南省智能配电建设规划、建设现状、现存问题及提升建议，以供其他省市智能配电建设提供案例借鉴。成果篇通过公开征集、调研走访、专家推荐等多种方式收集，共收集来自不同省市、不同单位、不同领域案例 36 个。经过专家评审、筛选收录 18 个优秀成果案例，对进一步提升智能配电技术应用的深度和广度有一定的借鉴作用，对从事智能配电领域的管理及技术人员具有参考价值。

未来，中能国研将以《报告》编制为契机，建立常态化、可持续的机制，搭建专家库、需求库及成果库，为供需对接、成果转化提供交流平台，实现需求引领技术发展、技术完成有效转化、成果获得有效应用的良性互动，进一步引导专业发展、服务生产实际。

本书编委会

2023 年 6 月

目　录

新型电力系统下智能配电
关键技术发展趋势

董旭柱，武汉大学电气与自动化学院院长、教授、教授级高工、博士生导师。2010 年 5 月至 2019 年 6 月期间在南方电网科学研究院工作，曾任中国南方电网有限责任公司（简称"南网"）高级技术专家、南网科研院副总工、智能电网所所长。2002 年 1 月至 2010 年 5 月先后在美国电力科学研究院、美国 Progress Energy 和 FirstEnergy 电力公司任职。1998 年和 2002 年获清华大学和美国 Virginia Tech 博士学位。中国电机工程学会电工数学专委会和储能专委会委员，IEEE 高级会员。长期从事智能电网领域的科研和管理工作，包括新能源接入、智能配电网、储能和设备资产管理等。

1.1 配电在构建新型电力系统中的目标

构建新型电力系统是我国实现"双碳"目标的关键实施路径，其主要特征有高比例可再生能源广泛接入、高比例电力电子装备大规模应用、多能互补综合能源利用、数字化智能化智慧能源发展、清洁高效低碳零碳转型。在此背景下，配电系统源、网、荷及管理等方面正在经历深刻变革，呈现新的形态格局，表现为：①分布式可再生能源正在成为配电系统重要甚至主力供电电源，多层级微电网（群）互动运行将成为重要运行方式；②配电运行模式也将从"源随荷动"变为"源荷互动"，柔性负荷深度调节参与源荷互动；③交直流混合配电系统逐步兴起，低压直流逐步趋于成熟；④电力电子化装备增加，增强了配电系统的灵活可控性；⑤数字化技术深度融合，透明化配电系统逐步成为可能。

配电系统是构建新型电力系统的关键领域，正在成为可再生能源消纳的区域支撑平台、多元海量信息集成的数据平台、多利益主体参与的交易平台，以及智慧城市、智慧交通等发展的支撑与服务平台。配电系统的发展目标也正从用户负荷的地理全覆盖和可靠、高效、优质的供电服务，向安全可靠、绿色高效、灵活互动的智能配电系统逐步演进，表现为：①网架结构坚强、柔性，供电可靠性高、供电能力强、供电质量高、韧性强；②分布式电源和新型用能高占比，运行控制可测、全观、可控和自愈能力强，资产管理水平高；③灵活性资源高效协同，数字技术深度融合，多业务无缝联动，市场机制运转高效，利益相关者有效互动。

1.2　配电发展的外部挑战

我国电力需求持续增长，预计到 2025 年全社会用电量将达 9.2 万亿 kW·h、最大负荷将达 15.7 亿 kW。随着越来越多的分布式可再生能源接入配电网就地消纳，规模化充电设施的快速发展，为配电网架结构与功能形态的演变带来新的挑战，具体包括：

（1）安全性挑战：随着分布式能源渗透率的提高和极端环境的频发，线路潮流变化频繁，系统功率平衡呈现高度概率化和不确定性，保障系统运行安全是重中之重，需大幅提升配电系统弹性自适应能力，强化网、源、荷协调控制。

（2）效率效益挑战：配电网发展更加需要强化需求导向，围绕"供需-网架-信息-价值"主线，以网架联接供需、以信息支撑运行，实现效率提升基础上的多方共赢和价值创造。

（3）智能化挑战：配电网需具备强大的综合承载能力、全息感知能力和智能调控能力，在保证新能源足额消纳的同时，需要满足多元化负荷"即插即用"接入需求。

（4）开放性挑战：配电网与能源互联网衔接更加紧密，要求加大投资开放力度，加强与其他基础设施的融通融合，继而催生更多的新业务、新业态、新模式，满足各类主体和社会资本投资以及交易需求。

（5）低碳化挑战：配电系统要求深入践行绿色发展理念，进一步加大配电网领域低碳治理力度，积极推广应用绿色环保、节能高效的配电设备，引领带动电网全环节全流程绿色生态环保，为降低碳排放整体水平做出贡献。

1.3　配电系统存在的问题

在构建新型电力系统过程中，配电系统主要面临以下三个方面的问题：

（1）静态问题：一方面定制电力、需求侧响应、虚拟电厂等新型供用电模式的出现给用户主动参与配电管理提供了可能；另一方面由于分布式电源与电动汽车等负荷的不确定性也导致峰谷差增大和资产利用率降低等，由此引发配电系统面临新环境下的经济调度与运行问题。

（2）动态问题：电力电子装备动态响应快、调节精度高，为解决配电运行控制带来了新手段，但低惯性变流设备缺乏对系统惯性支撑，同时大量电力电子装备接入使得配电系统谐波源呈现高密度、分散化、全网化趋势，影响供电质量。

（3）多元设备和数据资产管理问题：一方面大量非电网资产管理和安全问题还缺乏有效的协同机制和管理策略；另一方面配电系统数据呈现多来源、多模态的特点，多源数据融合是智能配电系统数字化和智能化需解决的首要问题。

1.4 配电技术发展综述

从配电技术发展历程来看，主要分为三个阶段：

（1）第一阶段是配电网架与基础设施建设阶段，主要以满足用户用电需求为主要目的，重点在于配电网架规划以及配电线路、变压器等基础设施建设，其缺点是供电可靠性低、覆盖范围小、检修难度大等。

（2）第二阶段是配电自动化建设阶段，主要以提升配电自动化水平为主要目的，重点在于配电自动化装置的配置以及配电自动化系统建设，实现对配电网监测、保护、控制以及计量建设，其缺点是不具有扩展性、通用性以及高效分布式计算能力，不能满足配电网新形势下的新需求。

（3）第三阶段是智能配电系统建设阶段，智能配电系统是新型电力系统的重要组成部分，是配电技术与物联网和能源互联网技术深度融合产生的一种新型配电形态，汇聚了大量的分布式电源、储能、电动汽车等交互式源荷设施。智能配电系统重点在于融合物理实体与数字孪生配电系统，利用先进技术提升配电系统运营管理和用户服务水平，完成配电设备状态全感知、分布式电源和多元负荷即插即入、数据传输全网络、全域物联全统一、高级业务全应用、区域交易灵活互动等任务，最终实现配电系统的智能化、数字化管理。现阶段智能配电系统面临管理和技术革命，涉及从电工基础材料到配电网调度控制等一系列关键技术，主要包括下述几方面。

1.4.1 数字化配电技术

数字化配电技术主要解决智能配电系统中的资产管理、电能质量管理、分布式发电管理、智能表计以及储能负荷的协调控制问题，目前数字化管理技术的研究仍然处于起步阶段，包括：

（1）电气设备智能化技术，即电气设备层面的电力与算力融合。一方面新材料新技术应用使得电气设备功能集成更加紧凑；另一方面电气一、二次深度融合使得电气设备具备自检运维的能力，实现智能故障预测、诊断、状态评估和自愈。

（2）配（微）电网透明化技术，即系统层面电力与算力融合，实现配电系统整体可观可控。目前还缺乏多模态、多类型数据相关性的挖掘技术，数据中的时空关联信息还未充分利用以实现配电运行优化。

目前研究热点集中在：①发展电气一、二次深度融合智能化装备与多源数据融合及处理技术在配电系统中的应用，实现系统全景状态感知，提升运行管理水平；②发展数字孪生、配电物联平台等技术在智能配电中的应用，研究源、网、储、荷跨域互动的数字孪生虚实映射机制、数字孪生通用模型架构与范式等关键技术，解决智能配电系统源、网、储、荷高度互动和能量/数字深度融合所带来的可测难、可观难、可控难问题。

1.4.2 分布式电源、微电网和储能技术

分布式电源、微电网和储能技术主要解决分布式新能源发电和储能灵活接入，实现区域多个微电网（群）间能量信息灵活互动和协同运行问题。一方面，新能源发电并网设备大多采用基于锁相环的跟网型控制策略，在发生功率跃变时缺乏对系统的惯性支撑能力，

将会引发稳定性降低、电能质量恶化等问题；另一方面，最大功率跟踪控制策略下分布式电源出力随机、波动性大，无法根据调度指令参与一、二次调频、调压。因此需要研究分布式电源在配电系统内具有主动支撑能力的构网功能、出力预测、集群控制技术以及分布式储能应用技术等以保证可再生能源大规模接入背景下配电系统安全、稳定、经济运行。

微电网作为配电系统中一个相对独立的自治区域，可以高效集成多种分布式新能源发电装置与多元负荷，实现新能源的就地生产和消纳。从微网层面内考虑各种分布式资源的协同控制，将微电网对外等效为电压/电流源，可降低配电系统频率、电压稳定性控制的复杂度；从微网群层面考虑功率互济与调度优化，可利用不同区域内新能源及负荷互补特性解决分布式电源出力波动、峰谷差等经济调度问题。

目前研究重点集中在发展分布式新能源发电、储能的构网技术和装备，实现新能源与储能独立组网运行；研究新能源发电与储能集群控制技术，研究地区、变电站、馈线以及场站多层级能量管理系统，使得新能源发电与储能有序构网运行；发展软件定义配电网和微电网，实现多层级微网（群）互动运行与网架灵活控制技术，实现微电网不同模式平滑切换的灵活可恢复与安全稳定经济运行。同时，还应发展分时、分区及响应形态的源荷互动技术和市场机制，解决峰谷差、设备利用率低等问题，提高分布式能源消纳水平。

1.4.3 直流配电技术

低压配电直流化，中压配电交直流混合逐步变为可能。直流配电技术为提升智能配电系统运行经济性、灵活性、可靠性以及电能质量提供了可行方案。直流配电技术研究主要集中在电压序列与标准化、直流配电故障保护、协调控制与调度优化、关键设备装备研发等方面。作为交直流配电系统的核心接口设备，大功率电压源换流器（VSC）大多采用带联络变压器的隔离型结构，增加了直流配电运行损耗，难以发挥直流配电方式在经济性方面的优势。

目前研究热点集中在：①发展紧凑型、经济型直流配电设备与交直流混合微电网群协同控制技术，提升新能源渗透率及运行经济性；②发展典型应用场景的定制化直流配用电供电模式，在高比例分布式新能源区域、数据中心、工业园区、城中村改造、新型城镇、独立电力系统等新型典型场景中充分发掘直流配电优势。

新型电力系统下智能配电技术专家解读

2.1 透明配电系统和配电数字孪生技术

杜晓东,国网河北电力科学研究院能源数字化中心主管,高级工程师。主要从事数字孪生、人工智能以及大数据分析等新技术在电网领域的应用与探索,组织并参与编制行业首部《数字孪生电网白皮书》,牵头电网领域首批数字孪生行业标准的制定。主持参与11项重点科技项目研发,发表论文17篇,其中SCI、EI检索论文8篇,出版著作1部,申请发明专利20项。获得河北省电力公司科技成果一等奖2项,获得第五届中国区块链开发大赛一等奖、第十一届中国(河北)青年创业创新大赛二等奖、全国工业数字孪生大赛三等奖等5项省部级奖励。

2.1.1 发展现状

1. 透明配电系统

为实现"双碳"目标,构建适应大规模、高比例新能源的新型电力系统是能源电力行业的全局性变革举措,对引领电力企业转型发展、拓展新型电力理论研究具有重要意义。配电网将与分布式电源协同发展,新型电力系统的电网将以"大电网＋主动配电网＋微电网"的形态呈现,电力系统可见、可知、可控,透明是新型电力系统的主要特征。

当前,电网数字化建设仍处于起步阶段,新一代信息通信技术在电网中的技术拓展、应用场景等研究仍不充分,相应系统的研究框架有待形成。透明电网通过各种"互联网＋"技术的综合运用,使电网运行透明可观可测。首先,透明电网侧重信息通信技术与电网应用的结合,关键在于信息,而信息需要通过小微智能传感器来捕集;其次,要应用智能设备,实现设备智能化,智能电气设备是传统电气设备与智能元素、电力电子器件等融合-协同增效的组合,具有可见可知、灵活可控的特点;最后,要打造强大的软件平台,这一软件平台可体现数字之间的关系,将海量的小微传感器数据、智能设备的数据等组织起来,数据存储模式有分布式和集中制，能够进行数据挖掘，实现数据驱动的软件分析、计算等。

透明电网是在能源转型趋势下，电网与以互联网为代表的新一代信息通信技术相融合的新型发展形态，整合了当前的主要技术进步与行业发展需求。通过应用互联网理念、"大云物移智链"等先进技术，对现有分散的系统及平台进行整合和创新，加强"源网荷储"全链条感知与控制能力，实质性提升电网的建设、运维、管理水平；打破运行控制、运营管理的业务壁垒，掌握海量终端用户和运行大数据，实现能量流、业务流、数据流的透明化管控。基于透明电网，社会各方能够广泛深入参与电力生产、传输、消费等各个环节，协同促进能源电力的安全高效、绿色低碳发展。

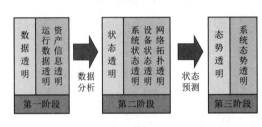

图 2.1　透明配电网发展阶段

将透明电网的概念延伸至低压配电网领域，配电网未来同样应呈现透明化发展趋势。透明配电网的含义是指：基于物联网技术，通过对并网的设备及关键节点的运行数据进行实时采集、上传、识别和监控，并在配电网可视化平台上集中反映，从而实现全数据采集、全状态可见和全态势预测的一种透明化电网模式。根据透明配电网特点，可将其实现过程划分为三个阶段，分别是数据透明阶段、状态透明阶段和态势透明阶段，如图 2.1 所示。三个阶段分别包含了透明配电网的不同内涵，依次呈递进关系，前一阶段是下一阶段的基础。

2. 配电数字孪生技术

数字孪生概念于 2003 年由美国密歇根大学 Grieves 教授提出，早期应用于航空航天、工业制造领域。近年来，随着电网转型和数字经济的推动，数字孪生技术被应用于电力行业中以实现电网数字化和智能化。相比于侧重实体操控的信息物理系统或模型驱动的仿真软件，数字孪生电网更侧重于数据驱动的实时态势感知和超实时虚拟推演，通过动态监控和全息模拟，精准感知物理电网的真实状态，为电网调控决策提供辅助支持。数字孪生电网的孪生体和实体具有相同物理规律和运行机理，同时应具备自治、同步、互动、共生 4 个重要特性。

随着高比例新能源并网，配电网中"源网荷储"等要素逐渐增多，为实现配电网"源网荷储"多要素功率预测与协同管控，数字孪生技术被应用于有源配电网中。数字孪生配电网是配电网拓扑结构日渐复杂及数字孪生技术发展的新兴产物，但当前相关研究较少。针对配电侧运行不确定性加剧和复杂性日益加大，从物理配电网测量感知各类电气量、状态量，以配电网机理模型为基础，依托大数据分析平台，以数据云计算服务形式为配电网运行提供数字载体，进一步可基于数字孪生模型演化实现含高比例光伏配电网载荷安全分析和预警。配电网数字孪生的基本实现方式，如图 2.2 所示。

数字孪生技术是新型配电系统规划、运行、保护与控制的重要支撑技术，包括基于海量小微传感器的小微传感技术、解决海量传感设备和智能装备之间互联互通稳定可靠通信问题的多模异构通信技术、实现节点连接关系识别与网络参数辨识等功能的低压拓扑自动识别技术等，为实现低压配电网智能化、数字化提供支撑。

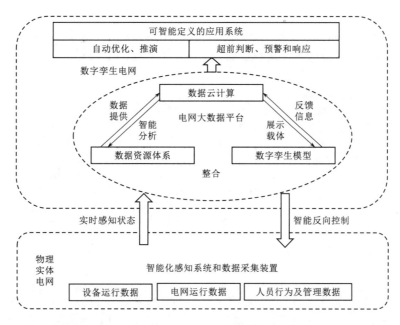

图 2.2　配电网数字孪生的基本实现方式

2.1.2　应用情况

　　数字孪生作为一项新兴并发展迅速的数字信息化技术，为推进电网建设全方位感知、网络化连接和稳定化运行提供了新的思路。数字孪生技术在配电网方面落地应用目前处于前期技术发展，国家电网有限公司在天津滨海新区、乌镇、雄安新区等地区构建了数字孪生配电网，充分利用现有配电网中较完善的数据采集和通信等基础设施，形成虚实结合、孪生互动的配电网发展新形态。

　　2019 年 6 月，天津滨海新区中新天津生态城的 110kV 游乐港智能变电站与配电网建设完成，数字孪生技术在电网基础设施建设中得到应用，如图 2.3 所示。

图 2.3　中新天津生态城城市大脑

2019 年 10 月 18 日，在第六届世界互联网大会上，运用数字孪生技术构建了与乌镇"互联网之光"博览会新展馆 10kV 配电房无缝匹配的虚拟场景；运维人员通过"孪生"变电站轻松获取并分析处理各类运行数据，实现对变电站的全域和全生命周期管理，如图 2.4 所示。

（a）数字孪生配电房内部 　　　　　　（b）AR 数字安全帽

（c）配电房内的智能巡查机 　　　　　　（d）数字孪生配电房运维赋能

图 2.4 　乌镇"互联网之光"博览会新展馆 10kV 配电房

国网河北电力科学研究院在雄安新区搭建了王家寨数字孪生微电网，通过应用全景智能系统等数字化手段，实现了电力设施与居民生活的友好融合。形成绿色共享、柔性高效、数字赋能的乡村级新型电力系统，如图 2.5 所示。

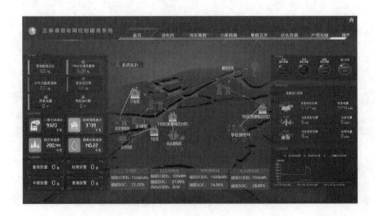

图 2.5 　王家寨微电网控制服务系统

中国南方电网有限责任公司（简称"南网"）基于移动采集技术、复杂台区低压拓扑识别技术、自动成图技术和智能化业务算法提出低压配电网运维数字孪生解决方案，通过低压配电网设备间的互联互通，实现低压配电网的全面感知、数据融合和智能应用，如图2.6所示。

随着高比例新能源并网和配电网数字化转型，配电网向透明化、主动化、互动化和可控化方向发展已经成为必然趋势，配电网数字孪生系统具

图 2.6　南网配电网台区数字孪生应用场景

有巨大的应用空间。目前虽然已存在数字孪生配电网案例，但在配电网数字孪生技术所涉及的孪生模型迭代演进和智能决策优化等方面仍存在不足。

2.1.3　问题需求与未来发展方向

1. 透明配电系统

我国配电网涉及面广，与民生和经济发展息息相关，存在较大发展空间，根据传感器、通信、"互联网＋"技术的应用和用户侧智能用电技术的蓬勃发展，配电网向透明化、主动化、互动化和可控化方向发展已经成为必然趋势。

由此可见，未来成熟的配电网数字孪生系统可实现能量流与信息流的深度融合，数据的双向实时互动，现实与虚拟的互相支撑，深挖交直流配电网数据价值；基于5G、物联网、边缘计算等技术实现配电网的深度智能化、透明化，从而形成新型能源生态系统，具有灵活性、开放性、交互性、经济性、共享性等特性，使配电网运行更加智能、安全、可靠、绿色、高效。

此外，充分利用并整合现有基础来开展透明配电系统建设，推动智慧城市、互联网、信息通信技术与能源系统及能源市场的深度融合，引领能源互联网新技术、新模式、新业态，促进能源产业转型升级。透明配电系统有两个层面的推动力：一是常规业务升级与优化；二是新兴业务拓展与管理。

（1）常规业务升级与优化：一是数字运营管控平台。基于透明配电系统云平台，以现有资产管理系统、地理信息系统等的逐步云化、微服务化改造为基础，建设企业级电网管理平台，打破各类信息系统壁垒，强化电网各业务的横向协同、各层级的纵向贯通能力。二是配电系统运行的智慧决策。将领域知识与机器学习方法相结合，实现模型驱动和数据驱动的互补，深度挖掘大规模传感网络所获取海量数据的潜在价值。

（2）新兴业务拓展与管理：一是电力交易和节电业务。《电力发展"十三五"规划（2016—2020年）》提出，建立并健全电力市场体系，建立标准统一的电力市场交易技术支持系统。因此，提高交易透明度是电力市场建设的关键任务。二是电力需求侧响应，主要包括有序用电、能效管理、负荷管理等，在电力供需矛盾突出的情况下，以行政、经济、技术等手段合理分配电力资源，确保供需平衡，最大程度降低缺电损失。

透明配电系统相关问题需求及相应的未来发展方向主要有：一是保障用电的安全高效：完善主干电网结构，在外部建设外环通道，在内部建设柔直"背靠背"通道；各分区组团互联，分层分区合理、区间联络清晰，消除电网短路电流超标、潮流大规模转移、交直流相互影响等电网运行风险。二是创新电力行业发展业态：充分利用并整合现有基础来开展透明配电系统建设，推动智慧城市、互联网、信息通信技术与能源系统及能源市场的深度融合，引领能源互联网新技术、新模式、新业态，促进能源产业转型升级。

2. 配电数字孪生技术

目前，数字孪生技术在配电网中的应用尚处于初级阶段，存在较多亟待解决的问题。结合现阶段数字配电网的建设背景，数字孪生配电网面临的研究重点集中于标准、模型、数据、生态等方面，问题需求及相应的未来发展方向主要有：

（1）标准。数字孪生配电网领域已经有了一定的相关探索和应用，如何对当前及未来的数字孪生配电网项目的孪生程度建立合适、准确、可量化的评价体系，从而确立标准。标准是数字孪生快速发展的重要导则，其应该包括基础标准、平台标准、技术标准、安全标准、测评标准及配电网数字孪生应用标准，基于统一的标准实现配电网数字化快速推进。

（2）模型。在孪生配电网的构建中，物理配电网中包含海量的电力设备、人员、资产，其中巨大的数据量和复杂的数据维度会给孪生建模带来极大的挑战。孪生建模是数字孪生发展的基础与核心，其实现的关键技术涉及多领域、多尺度、多层次。因此其未来的研究重点在于对多领域技术、模型的融合，从而实现对物理体的准确模拟。

（3）数据。数据是数字孪生配电网的核心要素，从数据的角度提升孪生电网质量及水平主要分为数据感知、数据通信和数据分析三个方面。数据感知方面，孪生模型的构建需要精确、全面地感知获取物理电网的数据；数据通信方面，也存在着时延过大、数据噪声等问题，如何加强数据在孪生电网内部、孪生电网配电网间的传输能力，使海量数据在极低时延、极小异常率条件下传输；数据分析方面，需要综合利用大数据技术以及各种新兴人工智能技术，并不断优化算法，提升数据分析的能力。

（4）生态。数字孪生电网的未来发展需要完善的生态构建，才能更好地给电网公司赋能。数字孪生电网乃至数字孪生目前尚处于初期探索阶段，此相关领域还没有较好的开源、开放平台以供学术研究和工业应用。

2.2 智能配电装备

吴琳，研究员级高工。国家电网有限公司科技部科技项目督导组成员，中国电机工程协会分布式发电及智能配电委员会委员，中国电工技术学会配电开关设备智能化工作组委员。长期从事智能配电相关技术研究，参与配电自动化专业领域系列国标、行标、企标编写。组织并参与多项国家重点科技项目、国网公司科技项目研究，获得省部级科技进步奖18项（中国电力科学技术一等奖1项，江苏省科技进步二等奖1项，南京市科技进步一等奖1项、三等奖2项，中国电机工程学会科技进步三等奖 2 项,国家电网公司科技进步一等奖 1 项、二等奖 3 项、三等奖 4 项,中国电力规划设计协会优秀工程咨询一等奖 1 项,全国电力职工技术成果二等奖 1 项,国家电网公司发明专利二等奖 1 项);获得授权发明专利 15 项(授权国际专利 2 项);完成国家电网企业标准 3 项。

配电网管理的物理对象包括配电线路、配电设备和终端用户,配电装备是配电一、二次设备的统称。智能配电装备是以配电一次设备为基础,集成各类互感器、传感器等感知装置,融合二次配电终端及通信接口,配套电源及辅助设施等,实现配电网状态全面感知、自动适应控制、智能决策分析、深度交互协同等功能,满足配电网的安全可靠运行。

2.2.1 配电装备发展与应用现状

为了满足配电线路分段、联络、保护和负荷增长管理的需要,配电线路根据不同功能需求使用各类配电装备,这些配电装备可以分为一次设备和二次设备。一次设备可分为架空线路类配电设备和电缆线路类配电设备,一次设备是输送、转换电能的设备;二次设备是对配电网进行测量保护和控制、实现信息交互的设备。

架空线路配电一次设备有柱上断路器、柱上负荷开关、重合器、隔离开关、柱上变压器、熔断器等,架空线路功能性辅助设备有配电架空导线、杆塔、绝缘子、避雷器、接地装置、无功补偿器等。

电缆线路配电一次设备有开关柜、环网箱/室、环网柜、分接箱、配电变压器、箱式变电站、无功补偿装置、低压开关柜、低压分支箱、JP 柜等,电缆线路功能性辅助设备有电缆线路、避雷器、五防联锁装置等。

一次设备智能化的重要支撑是配电终端。智能配电终端是一种集各种保护、信息参数测量与采集、智能控制和通信等多功能一体化的二次设备,通过对配电一次设备和配电网的运行工况实时数据电网运行状态数据的采集、故障监测、故障定位与诊断,在配电网正常运行时,配合实现配电网的透明化管理;在配电网发生故障时,就地智能化故障判断,或通过设备间对等信息交换判断,或者与配电自动主站配合完成配电网的故障处理,通过与配电自动化主站的互动,对配电设备进行控制和调节,实现配电网网络的优化管理。配电终端根据不同应用场景,常用的可分为馈线终端 FTU、站所终端 DTU、配变终端 TTU 以及近年来物联网技术发展推进下的融合终端。

2009 年起我国开展了智能电网全面建设,配电网架结构逐步完善、配电装备规模化使用、配电自动化技术应用推广,使得我国的配电网建设和管理水平有了质的提升。

2009—2015 年是配电装备自动化发展成果的固化阶段。经过多年的探索和技术沉淀,无论是从配电设备功能性能需求、还是对产品应用的认识都已上升了一个高度。

2016—2018 年是配电装备自动化发展的再提升阶段。随着社会经济飞速发展对电力可靠性越来越高的要求,研究配电设备的可靠性提升成为配电设备智能化发展的关键。

2019 年起,物联网、5G 通信等技术在电力系统开始深入应用,配电物联网的发展和新型电力系统的建设推动了配电设备的智能化发展。智能配电装备将成为配电网站点设备全要素数据采集、连接的基础节点，利用先进的传感量测技术、电力电子技术、智能控制技术、现代信息技术、计算机通信技术、物联网技术和电力新能源技术，将配电网在线数据和离线数据、配电网数据和用户数据、电网结构和地理图形等信息进行高度集成管理，具备支持分布式电源、储能装置、电动汽车等设备接入和微电网运行的新型配电网形态。

2.2.2 配电网对配电装备的要求

智能配电设备是根植于智能配电网上，支撑智能配电网有效运行管理的主要设备。

因此，智能配电网的需求是智能配电设备应用的基础。

1. 更高的供电可靠性

提升配电网供电可靠性，要求其具有抵御自然灾害和外部破坏的能力，并能够进行配电网安全隐患的实时预测和故障的智能处理，最大限度地减少配电网故障对用户的影响。

2. 更优质的电能质量

利用先进的电力电子、电能质量在线监测和补偿技术，实现电压、无功功率的优化控制，保证电压合格，实现对电能质量敏感设备的不间断、高质量、连续性供电，智能配电装备提供了基础的功能和保障。

3. 更好的兼容性

在配电网侧接入大量分布式电源、储能装置、可再生能源，与配电网无缝隙连接，智能配电装备是实现"即插即用"的重要节点。通过合理地控制智能配电设备的运行状态，可以有效地增加配电网运行的灵活性、提升负荷供电的可靠性。

4. 更强的互动能力

随着新能源高比例接入、储能规模化应用，配电网的物理特性、运行模式、功能形态发生了深刻变化，电网与用户的互动性将大大增强。智能配电装备作为电网和用户互动的衔接点，通过衔接智能表计，支持用户需求响应；利用智能配电装备对拥有分布式发电单元的用户在用电高峰时向电网送电的管理，电网可为用户提供更多的附加服务，逐步实现电力企业以用户为中心的服务意识转变。

5. 更高的配电网资产利用率

有选择地实时在线监测智能配电设备的运行状态，通过充分利用设备容量、有效实施状态检修、优化运行管理，延长配电设备使用寿命，提升设备资产利用率。

2.2.3 智能配电装备的技术发展方向

1. 一次设备智能化

智能配电设备具备先进、可靠、集成、低碳、环保的特征。前提是一次设备、通信、传感器技术先进；可靠方法为一次设备与智能组件的有机结合体，途径是依靠先进可靠的信息、通信技术，实现信息可靠、及时、准确传输。

2. 二次设备智能化

二次设备智能化应具有监测开关设备状态、自动处理信息、自动诊断保护和自动显示、记录，自适应多元化电源、支持软插件与逻辑组态、动态在线整定及远程维护、实现与一次设备高度集成，为分布式电源接入的配电网保护与控制提供支撑。

3. 二次设备测控保护技术

二次设备向广域信息、自适应、可逻辑重组、支持动态在线整定的方向发展，以适应多元化电源和灵活配电的要求。各种保护、测控技术进一步与配电一次设备相互渗透、融合、发展为一体化智能设备。

4. 电力电子技术

电力电子装备是智能电网和新能源发电核心装备，其安全性和可靠性对电网安全和能源利用成本的影响日益增大。在以可再生能源规模化接入为特征的新型电力系统框架下，配电主体更加复杂多元，能源流向更加多样，因此要求配电网具备强大的综合承载能力、全息感知能力和智能调控能力，并要求电力与电子高度融合形成智能化和柔性化的配电设备以提供系统支撑。在保证新能源足额消纳的同时，需要满足多元化负荷"即插即用"的接入需求。

5. 物联网感知技术

配电物联网作为近年提出并逐渐发展起来的新技术方向，是传统工业技术与物联网信息技术深度融合产生的一种新型电力网络形态；配电物联网具有基于软件定义、分布式智能协作、设备灵敏准确感知及互联、互通、互操作四大特征，配电物联网的"云-管-边-端"体系架构对配电网及配电自动化系统产生深远影响。

6. 直流配电网技术

新型用电设备，如电动汽车充电桩等对直流电能需求的增加，使电网的运行方式更为复杂；风电、光伏发电等新能源并网导致电网结构的扩建，新能源的间歇性和波动性也给传统交流电网的稳定性带来了巨大的挑战。在这种背景下，直流配电网由于供电容量大、功耗低、电能质量较好、易于接入等特点，开始受到关注。直流配电网可运行在并网模式（与交流主网有功率交换）和孤岛模式（与交流主网无功率交换），无论是直流配电网自身运行还是与交流电网的互动接入，都离不开不同功能的开关设备，包括采用电力电子技术的新型开关设备、直流断路器、开关柜、接入开关等。

7. 设备自我诊断技术

配电设备数量庞大、成本经济，通常缺少有效的自检手段，现场巡视和运维缺少针对性，故障处理以事故后被动抢修为主。智能配电设备必须具备关键状态在线监测和整体健康状态评估的自诊断能力，定位并指示设备异常或问题，为配电设备主动运维、检修提供支撑。

8. 友好交互技术

智能配电设备是传统配电一、二次设备的升级，智能化不应与高成本、复杂化、维护难、易损坏等问题对立。智能配电设备需采用统一、规范的接口和模型，具备自描述、自发现、自注册的"即插即用"交互机制，支持现场环境自适应、人工配置最小化、日常运行免维护、缺陷故障自定位，有效提升配电网运行可靠性和运检精益化水平。

9. 智能配电设备的电源技术

配电网因具有分布面广、线路分支多、城乡电网运行环境复杂等特点，导致智能设备的供电成为棘手的难题。随着各类智能配电设备的广泛应用，安全、可靠、稳定、经济的电源取电技术成为所有智能配电设备的一项共性技术。

10. 智能组件的集成技术

配电领域智能组件主要指电压互感器/传感器、电流互感器/传感器、各类状态检测传感器或传感装置（可视化设备状态监测、绝缘性能监测、开关特性监测、温度在线监测）及控制终端（测控与保护功能）等，这些组件集成到开关设备后，会对开关的电场分布、电磁兼容等方面造成或多或少的影响。因此一次设备集成了智能组件后，需要对电磁兼容设计、集成组件后的开关场强优化、功能单元模块化集成、虚拟设计等整体状态进行技术研究，保证一次设备的高可靠性。

2.3　分布式电源接入技术与装备

季宇，博士，教授级高工。现任国网上海能源互联网研究院先进能源技术中心主任。中国电机工程学会高级会员，国际电工委员会（IEC）SC8B 注册专家，中电联直流配电标委会委员，能源互联网标委会虚拟电厂工作组专家。作为项目或课题负责人承担国家重点研发计划项目 1 项，省级重点研发计划项目 2 项，国家电网公司科技项目 10 余项。成果获中国电力科技进步一等奖 2 项，中国电工技术学会科学技术一等奖 2 项，国网公司科技进步一等奖 3 项。授权发明专利 15 项，发表 SCI、EI 检索论文 30 余篇。

近年来，随着国家能源结构转型的不断深入，特别是"碳达峰、碳中和"目标的确立，清洁可再生能源发电发展迅猛，其中，分布式发电呈现出更加活跃的发展态势。以光伏为例，截至 2022 年 6 月，全国光伏新增并网 3087.8 万 kW，其中集中式 1122.5 万 kW，占比 36.35%；分布式 1965.3 万 kW，占比 63.65%（数据来源：国家能源局官网）。高比例分布式电源并网使配电网的运行特性发生显著变化，主要体现为：电网潮流的随机波动性增大，电压越限问题凸显；大量电力电子装备并网导致电网物理惯性降低，故障下电压频率支撑能力不足。上述问题一方面会增加电网安全运行和检修风险；另一方面会显著降低分布式电源利用率和投资效益，影响行业发展。因此，保障分布式电源安全、高效、灵活并网，具备电网安全运行主动支撑能力是当前分布式电源接入技术与装备研发的重要目标。

保障分布式电源的安全、高效并网运行，涉及并网接口装备、发电预测、运行控制、运维检修等关键支撑技术。各项技术的不断发展与有机协同是最大化发挥分布式电源效能的基础。

并网装备方面，目前我国光伏、储能及风电并网设备技术水平均达到国际先进水平，国产技术装备不仅主导国内市场，更在国际市场占据前列。技术特性上，目前电力电子型并网变流装备运行效率得到有效提升，最大转换效率整体达到 97% 以上（不含隔离变）。未来随着碳化硅、氮化镓为代表的宽禁带电力电子器件规模化应用，并网装备在转换效率、功率密度方面仍具有较大的提升潜力。结构形态上，随着直流配用电技术不断发展，分布式电源直流或交直流混合并网技术也得到广泛关注，电力电子变压器、能量交换机等新型并网设备也江苏、浙江、北京等多地开展示范应用。

发电预测方面，受投资、单点容量等因素影响，分布式电源出力预测存在历史数据收集困难、实时监测特别是气象数据缺乏等突出问题，单个并网点的短期预测更加困难。实践中多采用基于历史数据的直接预测法进行超短期预测，难以支撑负荷精准预测和分布式电源的优化调控。目前较为先进的方案是在能够获取局部数值气象数据的条件下，基于空间相关性，采用数据挖掘技术对气象信息没有覆盖到的区域进行数据延拓，补全不足信息，进而实现分布式发电短期预测。

运行控制方面，目前分布式电源多采用"云边端"分层控制体系，即"端"侧的变流器就地控制，"边"侧的分布式发电集群或源网荷储协同控制，"云"侧的区域源网荷储优化控制。以下就各层级控制技术发展与应用现状进行介绍。

(1)"端"侧控制，除传统的定功率、频率电压、下垂等控制手段外，"构网型"并网控制成为高比例分布式电源接入下配电网安全稳定运行的重要支撑技术。区别于传统"跟网型"分布式电源的电流源特性，"构网型"分布式电源具有电压源外特性，能够像传统发电机一样根据电网频率电压变化主动提供有功、无功支撑，参与系统稳定调节。目前，"构网型"并网控制的主流技术是虚拟同步控制技术，通过模拟同步机运行特性，增强电网惯性和稳定运行能力。

2018年，张北建成全球首个具备虚拟同步机功能的新能源电站，共改造了59台风电机组和24台500kW光伏逆变器，新建2套5MW电站式储能虚拟同步机，全方位验证了虚拟同步机核心技术，为大规模新能源友好并网提供了新的技术手段。

(2)"边"侧控制，主要用于局域范围内分布式发电集群或多能互补系统的聚合管控，通过边缘计算策略优化分解主站侧调控指令或根据就地电压频率异常自适应调节管控资源，实现自律控制。目前，随着台区智能融合终端的规模化推广，电网侧在低压公变接入的分布式电源多将其作为边缘设备，对区内分布式光伏、储能、充电桩等进行一体化管控，实现源网荷储协同消纳。

目前，国网针对分布式光伏接入积极开展了"融合终端＋光伏计量表计""融合终端＋光伏智能并网开关""融合终端＋低压智能终端"以及"融合终端＋光伏并网逆变器"等多种模式的技术验证，并在山东、浙江、江苏等低压分布式光伏并网规模突出区域开展试点，主要目标是在最大化提升能源利用率前提下，保证低压电网安全、高效运行。

(3)"云"侧控制，针对区域范围内35kV及以下接入分布式电源，综合考虑电网运行效率与分布式电源接纳能力，形成优化调控模型，对底层分布式电源集群或集群间的有功、无功潮流进行优化控制。在考虑电力市场机制下，制定分布式电源调控计划时，还要结合参与市场具体类型，充分考虑资源调节能力、响应时间、市场出清价格等因素，相比于"直管""直控"更加复杂。

安徽金寨、浙江嘉兴等分布式光伏发电规模较大区域，依托国家重点研发计划项目"分布式可再生能源发电集群并网消纳关键技术及示范应用"，分别开展了总装机容量200MW以上的农村区域分散型、城镇区域集中型分布式光伏群控群调技术示范应用，实现从220V到35kV全范围接入高比例分布式光伏的一体化优化管控。

在运行检修方面，目前国内分布式发电和储能的运维检修技术整体水平不足，严重制约全寿命周期设备利用率。分布式电源，特别是乡镇区域接入的分布式光伏电源在部署上多呈现"点多面广"的特征，第三方人工逐点式的定期检修存在成本高、效率低下的突出问题。随着中低压侧分布式电源量测技术不断发展，特别是充分利用现有三层管控体系，基于人工智能方法进行风险辨识或故障分析，在通过"云"侧指挥调控中心派发工单至相关检修人员，实现"工单化"的检修业务逻辑闭环，有效提升检修效能。

目前，我国分布式电源运维检修主要分为厂家、第三方、电网公司三类运维主体，其中电网公司要首先保障电网侧运行安全，因此在实际运维过程中，由电网公司代为运维可以兼顾电网和用户设备安全，更加全面、有效。国家安徽省金寨供电公司 2020 年部署投运了公司首个基于大数据的分布式电源运营管控平台。该平台基于电网数据中台系统除实现区域内全口径分布式电源运行监测外，特别实现工单化的分布式电源运维检修。通过分布式电源与电网运行数据挖掘，智能分析潜在风险或实际故障点，并给出潜在的故障类型和解决方案，最大化削减运维复杂度，实现精益化管理。

未来在新型电力系统建设背景下，为最大化实现分布式能源安全高效利用，推进源网荷储协同互动与发展，仍需要围绕以下三个方面持续开展相关工作：

一是为适应未来农村、城市等多场景大规模并网应用需求，支撑能源清洁替代，应加速推进"硅进铜退"进程，依托新材料、先进功率变换与控制技术，减少电容、电感等材料投入，不断提升设备运行效率、功率密度和可靠性，降低设备成本。

二是为保障新型电力系统背景下高比例分布式电源与电网安全互动，应着力推动具备电压、频率主动支撑能力的"构网型"并网装备研发和应用，攻克设备故障穿越技术，切实保障极端条件下电网安全稳定运行支撑能力。

三是分布式电源接入技术发展应与配电网的数字化、智能化改造步伐相匹配，从装备自身"即插即用"能力到与电网二次侧进行云、边、端的"数据流""控制流""业务流"信息融合，实现上下层级间多维度、高效率技术协同，实现全量化分布式电源的"可观""可测""可控""可调"。

2.4　微电网（群）灵活运行技术

吴鸣，博士，教授级高工。现任国网上海能源互联网研究院技术研发总监、实验研究与创新中心主任，中国电机工程学会高级会员，全国微电网与分布式电源并网标委会委员，中电联直流配电系统标委会秘书长、国际电工委员会（IEC）专家，IEC SC 8B 分布式电力能源系统战略组召集人、中国电工学会交直流供配电技术与装备委员会副主任委员。主要研究方向为分布式能源并网与微网、交直流混合配电。已出版专著 3 部，授权发明专利 40 余项，发表学术论文 50 余篇。

微电网作为新型电力系统的重要组成部分，是使负荷就地平衡、改善供电可靠性、提高可再生能源利用率的有效手段。随着分布式间歇性电源在配电网中渗透率的提高，单个微电网的容量约束使得多个微电网可能共存于区域配电网中。通过网络通信、智能量测、数据处理、智能决策等先进技术手段，多个微电网通过区域自治消纳和广域对等互联，可最大程度适应分布式可再生能源接入的动态特性，而分散协同的管理调度可实现系统供需动态平衡，提高能源利用效率。

2.4.1 微电网（群）技术发展与应用现状

微电网技术作为微网群技术的核心基础，已在微电网结构、运行控制、能量管理、安全机制和经济运营以及仿真分析等方面取得系列研究成果，国内外针对微电网已成功建立起一定数量的示范基地。对于微网群的研究，目前国内外还处于起步阶段，尚未产生一个权威或官方的定义，国外有学者将微网群定义为：由一些独立自治运行的本地网络集群松散耦合组成的可扩展的配电网络，其相对于传统网络的特点包括：①电能消纳以就地平衡为主；②运行过程中储能占据主要地位；③网络集群间通过主流互联；④具备长时间离网独立运行的能力。

我国对微电网的认识和研究起步较晚，自美国电力可靠性技术解决方案联盟（Consortium for Electric Reliability Technology Solutions，CERTS）于 2002 年 4 月发表微电网白皮书，从背景、结构、与大电网的交互、控制方法、继电保护和经济等多角度对微电网的概念进行了阐述后，我国部分学者才对微电网的概念有了初步的认识，2004 年前后部分高校和科研院所开始了对微电网技术的初步研究，在此期间清华大学与辽宁高科能源集团有限公司合作成立了我国第一个微电网研究院。

在 2006—2015 期间，我国微电网理论和相关核心技术方面的研究受到来自"863 计划""973 计划"等国家高科技项目发起的研发资助，众多高校和科研院所自主或合作建成了很多微电网实验系统。2008 年初的冰雪天气导致我国发生大面积停电暴露了我国当时网架结构在保障用户供电方面所存在的薄弱环节，同时也将微电网的作用充分展示了出来。2009 年国家将大力发展清洁能源纳入到经济发展规划中，极大地推动了国内微电网技术的发展，于 2010 年建成了我国首个微电网示范项目。此后几年，国家提出多部可再生能源与微电网的规划与政策，带动了一系列微电网示范项目的成立，极大缩小了我国微电网技术与他国的差距。

2017 年国家发展改革委与能源局发布了 28 个新能源微网示范项目名单，此后随着中国经济环境的高速发展，微电网技术的不断成熟和环境问题越来越受重视等，国家陆续出台多项行业利好政策，微电网项目建设普及率逐步提升。

由此可见，我国发展微电网技术的主要驱动力是促进可再生能源的就地消费、提高应急能力和节省输电损耗。推动能源向可再生清洁能源转型是实现可持续发展与建设新型电力系统的必由之路，而微电网作为能源综合利用的一种新形式，与传统的分布式能源系统相比，可以提供相对全面的能源管理。

随着我国分布式间歇性电源在配电网中不断发展并超出微电网以及多微网消纳能力或控制边界时，运用微网群技术对配电网中大规模高密度间歇性电源实行微电网统一调度和集群控制将是一种全新的能源效率优化形态，与智能电网的运行目标相符，将成为未来新型电力系统的重要组成部分。

2.4.2 微电网 (群) 关键技术与关键问题

1. 微电网 (群) 典型特征及拓扑结构

国内 "863 计划" 课题 "微网群高效可靠运行关键技术及示范" 指出,微电网 (群) 是由地理位置接近的多个微电网在中低压配电网形成的具备特定功能和运行目标的群落,群落中微电网既可以独立并网或是孤岛运行,也可以接受和执行群级调度和协调控制的指令以完成共同的运行控制目标,因此各微电网之间是相互独立的,各网内分布式电源及负荷仅可由本网的控制器来协调控制。各微电网通过光纤网络与微网群协调控制系统及能量管理系统相连,实现各微电网与控制中心的双向通信,微电网之间并没有通信往来。

微网群中各微电网相互间的耦合机理以及内在关联是定义群概念的重要前提。借助群论领域中的相关理论,可以根据各微电网的不同运行状态将其从数学角度描述为同构或是同态关系,各微电网间存在一种只表示两者之间的某种关系的态射,各网内储能当前荷电状态、潜在调节能力、风险备用容量等均可当作描述这种关系的关键信息,而从控制的角度来看,各微电网间的主从或是对等作用机理便可看做是一种态射。各微电网在不同的态射下将呈现出多样化的运行效应,当微网群运行在特定模式或是目标下时,群内各微电网间的这种态射是唯一的。当各微电网间的态射为空集或者不存在时,各微电网将独立运行,此时将不产生群级效应。

2. 微网群能量管理与优化调度

微网群能量调度建立在各微电网风光发电及负荷预测基础上,完成各微电网间能量互济计划的制定,维持微网群功率及能量动态平衡的同时,实现可再生能源利用率最大化,达到经济运行的目的,以及在微电网群孤岛运行时维持功率平衡,保证稳定运行。

与微电网优化调度相比,群级调度的核心在各微电网通过网 PCC 点进行能量互济,而微电网优化调度主要集中在内部各发用电单元,以运行成本最小或是发电能力最大为目标,建立非线性的混合整数规划优化模型,采用某一类智能优化算法进行全局寻优。而与大电网的优化调度相比,一方面微网群内包含高渗透率的间歇性电源,与大电网中能量连续可控型电源不同,其不必为一次能源调度做准备的日前整点输出功率计划,也不存在启停计划;另一方面,微网群内包含微电网单元吸收或输出的能量双向调度,微电网中又包含储能充电或放电的能量双向调度,因此两者在数学模型、控制变量、求解算法上均存在一定差异。

随着未来智能电网的发展与微网群技术的不断完善成熟,微网群能量管理系统将是智能配电网能量管理系统的重要组成部分,考虑多方案下微网群与配电网的广域协同调度将是微网群能量调度的重要发展方向。此外,微网群各微电网之间通过能量互济,一定程度减少了各微电网内部配置的储能容量,甚至个别网内无需配置储能便可通过集群管理稳定运行。

3. 微网群协调控制技术

由能量管理系统制定的微网群共同运行目标最终需要通过控制系统来实现,因此与群能量管理系统相对应,需要一个群控系统来执行群调指令。而各微电网之间可以为主从控制或是对等控制，若采用主从控制，则在群并网时主控单元运行在 PQ 模式下相当于一个电流源，在群离网运行时主控单元运行在 V/F 模式下相当于一个电压源支撑群电压及频率。这里主控单元可以是一个微电网也可以是一个分布式单元（如储能），主从控制下各单元在离/并网运行时不需要切换控制方式，但是其对主控单元容量要求较高，主控单元失效将导致整个系统无法运行。

上述主从控制中的主控单元与从单元为强通信关联，且对主控单元的容量要求较大，而对等控制中各微电网或是分布式电源均采用本地变量进行控制，各控单元之间无需通信，便可实现分布式电源或微电网的"即插即用"，因此对等控制可以提高系统可靠性，目前备受关注。

4. 微网群多组态运行模式及对内控制策略

微网群中各微电网具有既能运行在并网模式接受群控或非群控、又能运行在离网模式接受群控或非群控的特点，决定了微网群系统运行模式的多样性。微网群系统可包含群并网运行、群离网运行、全网独运行、独立并网运行、群停机 5 种基本的运行模式，此外还有柴油机模式，可根据在紧急情况下，群内是否配置公共柴油机启动带少部分重要负荷而定。各运行模式详细叙述如下：

（1）模式 A，群并网运行模式：各微电网以群的形式并网，群内微电网接受群控，拥有共同的运行目标，此时群目标可以围绕经济运行来制定。

（2）模式 B，群离网运行模式：各微电网以群的形式从主网脱离，群内微电网接受群控并拥有共同运行目标，此时群目标可围绕稳定运行来制定。

（3）模式 C，网独模式：在模式 B 的基础上，一部分微电网切出群控模式，切出群控的微电网单独运行在孤岛模式下由自身网控进行协调控制保证其稳定运行。

（4）模式 D，独立并网模式：各微电网不以群的形式并网。

（5）模式 E，群停机模式：群内各微电网均出现紧急情况，无法再以群的形式运行。

（6）模式 F，柴油机模式：启动群内冷备用电源，仅由其对群内部分重要负荷供电。若群内没配置此备用电源，则该模式不存在。

微网群运行在模式 A 时，将围绕经济性或是按照大电网能够接受的恒定功率因数或是恒定的无功输出制定群级目标，此时各微电网等效为 PQ 节点"输出"或"吸收"指定功率，但各微电网 PCC 点交换功率无法提前预测，需要依靠各储能进行正负调节。各间歇性电源一方面可按照自身特性调节功率输出，使其发挥最高工作效率；另一方面在储能调节能力不足时适当减功率发电。因此，当前模式下，群控系统应至少知道各微电网内储能的正负功率调节能力，即以各储能 SOC 值作为变量进行集群控制。

微网群运行在模式 B 时，微网群内需确定一个或多个主微电网，等效为 V/F 节点，提供稳定的电压、频率支撑，各从微电网等效为 PQ 节点按设定值输出功率，若采用对等控制则不存在主、从微电网。当前模式下，群控系统应至少知道各微电网储能在周期 T 内潜在调节能力，以各储能在周期 T 内的可放电量、可储电量作为变量进行集群控制。模式 C 模式、D 模式、E 模式运行在网控的主导下，已有大量文献对其内部控制策略进行了研究，这里不再阐述。

2.4.3 微电网（群）技术的发展方向

随着微电网的成熟发展且在配电网中数量的增加，对所有微电网进行统一调度与集群控制，能够让各微电网在运行中存在共同的目标，各微电网间的资源相互合理利用，且在系统特定工况下各微电网又能解列以确保单个微电网稳定运行，能够有效提高大密度高渗透率间歇性电源的消纳性，同时优化配电网末端电压分布、减小线路损耗、提高供电可靠性。因此从目前我国对电力能源经济环保性的迫切需求及分布式新能源发电规模的快速发展趋势和改善配电网各项指标角度来看，微网群在我国将有广阔的发展空间，同时，它在能源效率优化等方面与智能电网运行目标一致，是新型电力系统的重要组成部分。随着电力市场的完善、需求侧响应技术的发展，使微网群直接参与配电网调度、提供多种辅助服务成为可能。

（1）在典型特征方面，各微电网可运行在共同目标下也可单独运行，各微电网间通过简明的状态变量进行通信交互或是仅依据本地变量信息进行自主控制，共同运行目标随运行工况的变化而变化。

（2）在拓扑结构方面，各微电网共存于一定区域范围内，可是串联、并联或是两者的混合结构，组网形式中可以是交流微电网、直流微电网、交－直流微电网、DG－交流微电网、DG－直流微电网，可通过一个或多个群级 PCC 接入配电网。随着能源互联网的发展，未来微网群将不仅是电力上的互联，更重要的是能源上的互联。

（3）在能量调度方面，微网群的调度核心在于各微电网间的能量互济，随着微网群和智能电网的发展，其能量管理系统将成为智能配电网能量管理系统的一部分。

（4）在协调控制方面，群内各微电网可采用主从控制，也可采用形同多台逆变器并联下的对等控制，其中对等控制由于不需要上层通信甚至无需中央控制器，更适合分布式发电的理念，因此未来将是重点研究方向。

（5）在多组态运行模式方面，微网群根据离/并网、有无群控可分为多种运行模式，各模式间的转换策略及平滑切换控制将是微网群健康运行的关键技术。

2.5 源网荷储互动与市场交易技术

刘俊勇，四川大学电气工程学院二级教授，博士生导师，国务院特殊津贴专家，四川省有突出贡献的优秀专家，2016 年英国 BRUNEL 大学荣誉博士，曾担任电气工程学院书记、院长，中国电力大学院校长联席会第一、二届副主席，第三、四届主席，四川省电工技术学会副理事长，全国电力交易机构联盟第一届专家委员会委员。目前担任四川电机工程学会副理事长，中国电工技术学会能源互联网装备技术副主任委员，IEEE 中国区智慧乡村委员会副主席，《CSEE Journal of Power and Energy Systems》（SCI）、《Journal of Modern Power Systems and Clean Energy》（SCI）、《电力系统自动化》（EI）、《电力自动化设备》（EI）、《电力系统及其自动化学报》《电力科学与技术学报》《现代电力》《供用电》《电力大数据》《四川大学学报工科版》编委等。获得省部级科研奖励十项，承担国家科技部 973、863，国家自然基金重点和面上项目，国家电网公司、英国、缅甸等项目 100 余项。在大电网调度、电力市场、配电网及综合能源系统、电力基建过程的可视化方面研发十余套系统，被广泛应用于北京、南方电网、上海、华中、山西、四川等实际电网工程中，特别是北京奥运会时研发了实用化的北京电网可视化调度系统。发表专著、译著 6 本，发表 SCI、EI 共 300 余篇。

2.5.1 源网荷储互动与市场交易技术基本概念和理论

我国配电系统和售电市场正面临挑战和机遇：清洁和可再生资源需就地化尽限利用；传统配电网的投资运营模式及对用户的认知差异，需借助服务提升价值，变"最后一公里"为"开始一公里"；社会资本涌入终端市场激发技术和金融活力需要平台；终端用户在移动充电、储能、产销一体及高品质电能需求的发展趋势呼唤支出合理与用电服务交互体验友好；售电市场引入竞争从而应对以上问题的历史机遇期已经来临：国家制定了电力作为商品的"使市场在资源配置中起决定性作用"战略部署，政府放开售电市场要"激发市场主体活力"，电网公司希望利用"云大物移智链"及先进的新零售理念以支撑能源供给侧改革和能源消费革命。在实际中，政府一刀切的用户电价机制已不适合复杂市场主体及用户的选择权，配电网公司单一的集中管控模式难以应对多变的用户侧虚实聚合体。更进一步，如何在存量市场上提升电网效率，在增量市场上取得服务竞争力，以政府、电网、用户和各类服务提供商构成的售电市场参与者和主体将展开相互博弈共同发展的局面，近年虽已从国家层面推行若干售电改革试点省份，但至今尚未形成原理清晰、机制完善的竞争性售电市场，政策的红利、电网的巨额投资、数字经济的普及、用户的多元需求、社会资本的释放仍未转化为售电市场发展的强大动能，究其原因是当前缺乏符合我国国情网情的竞争性售电市场机制设计、运营优化、实践方案等一系列系统性理论体系。

近年来，随着"源网荷储"各环节的不断发展，面向电网的"源网荷储"互动的灵活调节能力正不断凸显。"源网荷储"互动是指电源、电网、负荷和储能之间通过源源互补、源网协调、网荷互动、网储互动和源荷互动等多种交互形式，更经济、高效和安全地提高电力系统功率动态平衡能力，本质上是一种实现能源资源最大化利用的运行模式和技术。"源网荷储"互动在广域大电网和配网用户侧两个层面同时进行：前者是全国、区域范围内进行的大规模清洁能源的广域优化配置；后者既是前者的落地端，又自身形成闭环，主要是发挥配电层面的清洁能源就地消纳、降耗节能、电能替代功能以及支撑大电网安全的柔性能力。在配电网用户侧，电动汽车、储能、智能家居、虚拟电厂等多种具有储能灵活调节特性的负荷新型主体正不断涌现，其带来的庞大可调节能力为"源网荷储"互动提供了支持。进一步，当前涌现的负荷侧可调节资源需要通过市场化方式激励，以完善的价格机制和交易机制引导负荷侧各主体包括隐藏的潜在调节资源积极参与"源网荷储"互动过程。

配电网侧"源网荷储"互动的技术基础具有清洁化、数字化、电力电子化、移动化、虚拟化五大特征。其关键核心在于：一是发展自组织、自律理论，打破传统电力的集中调度管理思路，形成各种类型的电力能源聚合体；二是研究弱依赖网络路径的电力互易技术，用价值观、市场观、技术观、服务观重构用户体系；三是采用先进信息物理社会融合发展理念，构建云化、服务、生态的用户体验平台，塑造价值共享的网络化数字经济；四是聚焦目前核心技术，在网络变结构优化、清洁能源尽限利用、极端场景安全保供等提出创新思想；五是突出用户选择权的市场终极目标，观察市场条件下不同用户和聚合的互动能力，用生态的观念催生新型配电系统的电力电量再平衡。

构建以"普遍服务—定制服务—增值服务"三个层次的售电服务市场理论体系：①内生因素和外部条件共同作用下售电服务市场竞争合作发展的动力学演化过程；②匹配多维供求关系的售电服务时空价值传导与价格发现；③用户利益相依与交易时空分散的售电主体竞争力路径优化理论；④售电服务市场海量分散式交易算法及数据驱动竞争性研判技术。在动力学演化模型的渐进式竞争性售电服务市场体系与范式研究，三个层次的服务价格机制，服务主体风险感知与运营策略基础理论支撑配电网侧"源网荷储"互动。

基于售电服务市场交易关键技术：①用户负荷及聚合体产销、调节的感知和预测技术；②基于物联网技术的用户信息传输与虚拟聚合、交易技术；③基于区块链的用户信息、交易、计量、信用、隐私安全技术；④分布式用户端端交易与集中式配电网安全运行的交互技术；⑤基于数字孪生的多主体配电系统运行仿真技术；⑥多交易品种下的配电网调度系统；⑦市场主体投资、交易、运行三位一体的仿真模拟技术；⑧配电系统和售电市场的监管技术。

综上所述，配电网侧"源网荷储"互动与售电市场交易技术是一对相互促进、相互依存的孪生理论和技术，它们的共同发展将重构新型配电系统。

2.5.2 "源网荷储"互动与市场交易技术发展现状及应用情况

国内外配电网侧"源网荷储"互动目前处于前期技术发展及政策推动阶段。

1. 国外

（1）充分利用智能化数字技术，实现"源网荷储"资源协调互动。日本利用互联网技术为发电站、储能、光伏、分布式风电等设备分配 IP 地址，并通过能量路由器灵活调配电力；美国、日本、澳大利亚等国家也陆续颁布了需求侧响应的技术规范和接口标准。欧盟各国则不断推进智能电表等装置的广泛部署，美国通过智能逆变控制器实现了风电厂的调峰调频。

（2）完善市场价格机制和交易机制，利用市场化方式激励"源网荷储"互动调节。英国、法国、芬兰较早采取分时电价，鼓励用户参与需求侧响应；澳大利亚虚拟电厂运营商参与市场交易获利后，以 30% 折扣价格向聚合用户出售电力，以此促进"源网荷储"协同互动。

2. 国内

冀北全域"源网荷储"一体化运行综合示范工程，资源覆盖张家口、秦皇岛、承德等五地市，参与华北调峰辅助服务市场。鄂尔多斯伊金霍洛旗蒙苏经济开发区零碳产业园通过储能技术与智能物联网技术，实现风电、光伏和氢能的互补，最终形成稳定的、经济的电能网络。上海电网已在黄浦、世博、张江和上海经研院办公区建成 4 个"源网荷储"一体化运行示范项目，引入第三方虚拟电厂参与需求响应，通过聚合需求响应调节能力参与调峰辅助服务，可以缓解区域性、季节性、时段性的电力供应缺口。浙江目前建成了世界上首个大规模源网荷储友好的互动系统，实现了 280 万 kW 的负荷毫秒级的精准控制，并在多个省开展应用，取得了明显的成果。

虽然"源网荷储"互动已在我国初步实践,但是实时需求侧响应和精准负荷控制技术应用还处于示范阶段,其市场交易机制技术仍处于初期阶段。"源网荷储"的经济属性仍未体现,自主响应的路径还不畅通,制约了其发展的积极性,市场机制的调节作用并没有得到充分发挥。

2.5.3 "源网荷储"互动与市场交易技术问题需求与未来发展方向

配电网侧"源网荷储"互动有三个层面的推动模式:一是技术创新发展模式;二是政策调控促进模式;三是市场机制生态圈建设模式。近年来,国内外结合电网实际需求,借助先进技术,利用灵活市场机制,完善政策措施,在"源网荷储"协同互动方面做了很多实践,取得一定成效,但在技术、市场和配套政策方面仍有较大完善空间。配电网侧"源网荷储"互动与电力市场、碳市场结合的趋势愈发明显,主要表现:在大量社会资本涌入用户侧,从最初的售电公司、增量配电网到用户需求响应、虚拟电厂,再到产销一体用户、综合能源园区,从单纯的用户变身为能源托管、能源自平衡,再到能源反供,揭示了用户侧结构性变化,也预示配电网的建设和管理必须适应用户时变需求。问题需求及相应的未来发展方向主要有:

(1)推动建立负荷侧资源利用技术标准。强化政府、行业和企业协同,加快建立"源网荷储"相关终端设备、通信接口、并网运行和控制等技术标准。

(2)实现"源网荷储"的精准互动响应,就需要进一步推动负荷监测系统提高负荷精准预测能力,提高负荷控制能力,为负荷侧可调节资源参与"源网荷储"互动和市场化交易提供技术保证。

(3)推动能源大数据技术在负荷侧的应用,通过大数据收集分析及挖掘,实现对用户特征行为的精确刻画,适应性地提供综合服务,提高用户参与"源网荷储"互动的积极性。

(4)推进配电网、用户、聚合体间的交易机制设计。市场交易理论与技术目前处于初期状态,配电网与用户、聚合体的关系已不再是供应与需求关系,是双向选择、双向流动、双方共赢的纵向伙伴关系;用户与用户之间也是可以交易的横向伙伴关系。应用市场交易中普遍服务、定制服务、增值服务模式,将极大提升"源网荷储"互动能力,例如尖峰电价、峰谷、汛期电价、分时电价、实时过网费、可靠性和电能质量电价、隔墙售电、峰谷对冲机制,充分体现市场价值的魅力。

(5)建立需求侧响应参与清洁能源消费的交易机制。按照"谁受益,谁负责"的原则,尖峰电价资金池仅用于调峰需求侧响应激励。针对填谷的需求侧反应,建立清洁能源消费和交易机制。新能源发电企业按需发起邀请报价,负荷侧资源响应执行后,根据成交价获得相应激励。

(6)逐步完善负荷侧资源辅助服务招标机制。初期建立独立的负荷侧资源辅助服务市场,负荷侧资源主体参照标杆价格进行招标,引导低成本市场主体积极参与。后期,随着可调负荷资源的广泛参与,将逐步实现发电侧和负荷侧资源的竞价,形成统一完整的辅助服务市场。

(7)强耦合下市场交易机制的动态(市场动态)与系统自身的动态(物理动态)就会有错误的市场交易机制,可能会引起整个闭环系统的失稳情况,如何从闭环系统交互的角度来设计和分析两者的互动是未来需要解决的难点。

2.6 直流配电技术

陈建福，博士，教授级高工，享受国务院特殊津贴专家，现任广东电网直流研究中心主任，兼任珠海市直流输电及电力电子技术产业促进会会长、IEEE PES直流电力系统技术委员会低压直流技术分委会常务理事、中关村智能电力产业技术联盟理事等团体职务。曾主持开展国家"863"项目"灵活互动的智能用电关键技术研究及支撑设备和平台开发与应用"、国家能源局项目《支持能源消费革命的城市—园区双级"互联网+"能源示范工程》及多项南方电网重大科技项目研究与成果应用推广工作。

2.6.1 直流配电技术应用需求

2021年3月15日，中央财经委员会第九次会议指出，"十四五"时期是碳达峰的关键期、窗口期，要构建清洁、低碳、安全、高效的能源体系，控制化石能源总量，着力提高利用效能，实施可再生能源替代行动，深化电力体制改革，构建以新能源为主体的新型电力系统。

在"双碳"背景下，配用电系统已经转变为集电能的收集、传输、存储与分配等多种功能于一体的新型配电系统。大规模分布式新能源、多元负荷高比例、分散化接入配用电系统，配用电系统安全稳定运行的不确定性急剧增加，配用电系统安全可靠供电面临极大挑战。

（1）用电负荷局部快速增长。一些区域出现了配电走廊紧张、配变负载率过高、馈线负荷分布不均衡、短路电流超标、停电风险防控能力不足等问题。

（2）分布式新能源承载力不足。分布式新能源的快速发展，引起配用电系统潮流分布不均、线路过压、变电站潮流反送等问题，传统交流配用电系统不能灵活解决上述问题。

（3）新型负荷和储能迅猛发展。电动汽车充电等电力电子负荷、集中式与分布式储能快速增长，配用电系统功率双向流动、网络阻塞等问题日益突出。

（4）供电能力不平衡。传统交流配用电系统使用常规交流联络开关，中压交流配用电系统"闭环设计、开环运行"结构导致配电系统潮流调控能力不足。

（5）供电可靠性和供电质量要求提升。随着高精尖产业的发展，用户对于供电可靠性和电能质量的要求日益提高，配用电系统呈现运行方式多样、潮流分布形式复杂等特点。

2.6.2 直流配电技术发展现状

近年来，随着电力电子技术的快速发展和部分专用领域（诸如飞机、船舶电力系统等）的成熟应用，直流配电技术日趋成熟，利用直流配电实现新能源大规模汇集、城市配电网高可靠智能化改造、绿色低碳建筑开发等开始成为新兴的研究领域和热门的研究方向。国内外学术界和工业界对中低压直流配用电技术投入了大量的关注，建设了珠海唐家湾三端柔直配电工程等一批直流配用电示范工程，并且取得了较好的效果。但是直流配用电系统和应用场景总体上仍处于方案探讨和示范验证阶段，在器件技术、装备技术、系统技术、应用技术等方面仍存在较多的技术瓶颈，需要电网、科研院所、设备商、用户等全产业链的共同参与以尽快攻关突破。

1. 器件技术

新型电力系统是以高电力电子比例为显著特征，电力电子技术的基础是功率半导体器件。主流的大功率半导体器件主要有 IGBT、IGCT、IEGT 等几种，但部分器件目前仍依赖进口，因此大功率半导体器件的自主化研发对于保障我国产业安全，构建安全、可靠、经济的新型配电系统具有重要意义。

2. 装备技术

直流配用电系统的装备目前主要包含直流换流器、直流变压器、直流断路器等。这些关键装备目前仍存在成本高、体积大、实用化程度偏低等问题，亟需进行优化升级以支撑规模化推广应用。

3. 系统技术

直流配电系统是支撑高比例新能源接入与低碳灵活用能的重要技术手段。直流与交流深度融合是新型电力系统重要形态特征。在配用电系统层面，不同于直流输电，直流配电网与负荷、电源密切结合，与交流系统交互影响明显，直流配电用电系统的超快速故障保护和灵活优化控制技术有待进一步提升。

4. 应用技术

规划、设计、试验、运维、评价等应用技术是推进直流配用电技术市场化发展的重要技术支撑，但目前尚处于理论研究与试点应用阶段，亟待工程化及标准化发展。

2.6.3 直流配电技术应用情况

直流配用电技术可以应用于很多场景，典型的比如柔性互联、各类园区、分布式新能源接入和建筑楼宇等。

1. 柔性互联

柔性互联场景通常采用直流实现交流变电站中压母线或馈线的互联，并向低压供用电系统延伸。可细分为几类不同的典型应用场合，包括：交流配电网合环热备用，提高供电可靠性；交流配电网负载主动平衡，提高设备利用率；配电网改造增容，减少占地和投资；电动汽车高效接入，峰谷互济等。

2. 各类园区

各类园区场景一般包括数据中心、工业优质供电等应用场合。根据伯克利国家实验室的分析，对于数据中心，相比交流系统，采用直流供电可以提高约 3% 的传输效率、节约约 6% 硬件成本、节省约 33% 空间。

3. 分布式新能源接入

分布式新能源接入场景可以理解为大规模新能源通过柔性高压直流输送在中等容量和输电距离场景下的衍生。其优势应用场合可以由柔性高压直流输电系统的类推，包括新能源汇集、独立负荷送电、海上平台供电等。

4. 建筑楼宇

建筑楼宇场景是直流技术到民用建筑领域的延伸。而光伏、风能、甚至燃料电池等技术路径将在降低建筑能耗、实现建筑领域碳减排方面起到关键作用。根据伯克利国家实验室的分析，光伏家庭采用直流用电比交流系统省电 5％，而光储家庭采用直流用电比交流系统省电 14％。

2.6.4　直流配电技术未来发展方向

展望未来，直流配用电方面仍需要攻克的关键技术及工程实用化问题如下：

（1）需提出直流配用电系统规划原则和可量化的规划评价方法，以解决系统规划难题。

（2）需提出基于"调控一体"和"一、二次融合"方案的直流配用电系统扁平化的控制架构和控制策略，以降低系统建设和运维难度。

（3）需突破直流剩余电流和故障电弧可靠检测关键技术，确保直流用电安全。

（4）需研制低成本、紧凑化、高可靠的直流断路器和功率变换器，以提升中压直流配电系统实用化水平。

（5）在直流"经济、节能"优势的基础上，需进一步挖掘民用直流"安全、智能"的新驱动力，推动民用直流产业生态形成。

（6）需研制经济、智能的低压直流用电系统关键设备和谱系完整的直流电器产品，以满足不同场景的直流用电需求。

（7）需建成多地域、多场景的安全、智能、高效的直流配用电示范工程并开展运行评估，完善标准体系。

从世界范围来看，我国在直流输电与电力电子行业已经实现了从跟随到领先的历史性跨越。未来在能源革命新形势下，直流配用电技术必将取得更大的发展，服务我国实现"碳达峰、碳中和"和构建新型电力系统的目标。

新型电力系统下智能配电技术
需求分析

3.1 国网智能配电建设现状及需求分析

3.1.1 建设现状

截至 2022 年年底，国网 337 个地市单位建成配电自动化主站，主站覆盖率达 100%；其中 259 个地市单位完成新一代配电自动化主站生产控制控制大区建设改造，覆盖率达 76.9%。配电网数字化转型方面，业务中台支撑能力全面提升，初步建成总部侧电网资源业务中台，打造全资源横向覆盖和全拓扑纵向贯穿的企业级"电网一张图"，推进各省同源维护单轨运行，深化企业级实时量测中心建设应用，探索分布式光伏平衡预测、配电网故障实时研判等实用化应用。编制配电自动化实用化提升工作方案，建立实用化指标评价体系。平均倒闸操作时间缩短至 30min，同比下降 8.7%；非故障区域复电时间缩短至 46min，同比下降 9.8%。

1. 配电自动化应用取得实效

"十三五"期间，应用远方遥控替代人工作业减少现场操作 87 万条次，倒闸平均操作时间缩短至 30min，同比"十二五"末降低 48%，减少停电约 974 万时户；配网故障隔离自愈 26.4 万次，减少停电约 3212 万时户，非故障区域复电时间缩短至 46min，同比"十二五"末降低 53%；推广应用一、二次融合成套配电设备 15.3 万套，实现配电网网架建设、配电设备改造一、二次同步建设、同步投运，提升配电网单相接地故障准确定位和快速处置能力；发布一、二次融合配电设备标准化设计，提高设备通用互换能力。

2. 配电物联网成效初显

构建"云-管-边-端"体系架构，完善配电物联网一体化信息模型，制定低压设备"即插即用"技术标准。深化营配调数据融合贯通，实现中低压故障等停电信息精准研判、设备重过载等运行状态实时分析，派发主动运检抢工单 641.7 万条，支撑工单驱动业务新模式构建；加强台区精益管理，通过台区全景感知、营配数据本地交互，实现台区综合线损率降低 1.6%，产生经济效益 8.5 亿元/年；试点开展能源互联网实用化示范区建设，验证 37 个典型应用场景功能，逐步打造具备电动汽车有序充电、分布式电源并网监控、台区设备全景监测功能的配电物联管理体系。

3. 数字化平台建设支撑作用全面凸显

（1）以 PMS3.0 和电网资源业务中台为支撑，构建配电网数字化管控新模式，支撑现场作业、管理决策数字化转型，如山东公司建设配电设备健康评估体系，部署配电网设备状态评估模块，强化"带电检测＋在线监测"，实现配电设备运行状态全景管控、主动预警、在线评估，支撑差异化巡视检修，实现配电网运维由常规向状态巡检转变。

（2）推进数据共享，有效解决企业信息烟囱，为营配调等多业务系统提供图模服务，减少数据与应用的重复维护和开发，服务日均调用超过 700 万次，提高了数据共享效率。

（3）提升企业资产全寿命管理水平，开发基于 RFID 原理的电缆巡检 App，有效缩短故障查找时间和停电检修时间。

3.1.2　现存问题

（1）城市中压配电网"三遥"终端覆盖率较低（覆盖率为 45.6%）、布点不尽合理，故障区段隔离精细度不足；98 个地市公司尚未建设配电自动化Ⅰ区主站系统，存在配电网"盲调"问题。

（2）受通信建设、信息安全等因素制约，配电站室和柱上开关设备的"三遥"比例仅为 11.2%、2%，配电网故障快速处置和负荷灵活转供能力有待提升；受配电终端功能、性能制约，配电网单相接地故障准确定位和快速处置能力有待提高，电缆密集沟道火灾隐患依旧存在。

（3）配电自动化专业人员力量严重不足，技术技能水平有待提升，故障处置、缺陷排查、功能升级等工作多依赖厂方开展；配电网运行方式调整、故障快速处置、负荷精准控制等功能的实用化应用亟待加强，解合环分析、分布式电源接入控制、经济运行分析等支撑新型电力系统的高级应用极其有限。

（4）低压配电台区数字化建设应用水平有待提升，低压物联感知设备覆盖率较低，绝大多数台区智能融合终端目前仅实现配变低压出线电气量的采集，尚未实现对配电台区的全景状态感知；营配本地交互和共享率低、数据融合度不高，无法有效支撑低压配电网透明化、智能化管控需求。

3.1.3　改进措施

（1）加快配电数字化平台建设，推进地市层面新一代配电自动化主站系统Ⅰ区"地县一体化"建设全覆盖，实现"三遥"配电终端安全接入；贯通Ⅰ区主站系统与调度自动化系统、集控站系统，支持馈线自动化全自动执行，实现"源网荷储"协同控制。

（2）加快中压配电网透明化建设，全面采用一、二次融合标准化配电设备；因地施策差异化应用集中型、就地型、智能分布式馈线自动化模式，在保障安全的前提下，开放无线虚拟专网承载遥控业务，整体提升配电线路馈线自动化应用水平。

（3）推进低压配电网透明化建设，按照"一台区一终端"原则，推广新型台区智能融合终端，实现营配数据本地深度融合；稳步推进低压智能设备标准化接入、"即插即用"，逐步实现低压配电网全状态监测；依托省级配电数字化平台及企业级实时量测中心，对融合终端暂未覆盖区域进行计算推演；试点开展分布式光伏监测、消纳、电动汽车有序充电及 V2G 等技术探索和业务应用。

（4）加快配电自动化人员培养，各地市增设专职配电自动化运维人员，培养精干高效的专业队伍；加强人才队伍储备，依托省级培训中心和电科院，开展实训基地建设，采取岗位培训、现场实训等方式，开展配电自动化标准宣贯、专业培训及竞赛比武，提高运维人员业务素质水平。

3.1.4 重点工作

深化电网资源业务中台建设应用。一是深化服务共享能力建设，加强业务中台运营，迭代完善中台标准服务，激发环境气象等辅助类数据价值，拓展同源录入范围。深化数据主人制落实，建立数据评价体系，拓展量测中心数据接入范围。二是深化"电网一张图"建设应用，以"用图指挥、用图服务、用图作业、用图管控"为目标，完善静态一张图基础功能。融合全环节动态数据，构建动态一张图，叠加规划、设计、建设、运行等多态数据，支撑设备管理图形业务向两端延伸，推动"电网一张图"移动端构建。三是深化PMS3.0 系统应用建设，全力推进 PMS3.0 规模化应用，加速配电网核心业务流程优化和重构，保障配电设备资产精益管理、高效运营。

推进配电自动化实用化提升，落实新型电力系统数字技术支撑体系要求，以馈线自动化覆盖率、投入率、动作正确率等指标量化评价为抓手，全面推进设备状态监测、运行方式调整、故障快速自愈、负荷紧急控制等实用化应用。加快推进重要节点"三遥"功能建设改造，实现配电网可观、可测、可控。推广"做晨操""遥控预置"等实操校验，提高终端在线可用水平。遵循"应遥必遥"原则，在预安排检修、故障处置、方式调整等过程中全面应用远方遥控操作，提高作业质效和安全水平。加大一、二次融合成套开关、远传型故障指示器应用，提高单相接地故障处理能力。

加强新型配电系统技术攻关。一是强化配电网透明管理，加快构建以台区智能融合终端为核心的透明低压配电网，通过营配数据本地交互、环境量、电气运行数据多维度分析计算，实现低压配电网运行监控和用户停电研判分析。二是研究中压柔性互联技术，研制新型中压柔性互联装置，开展区域协同运行控制仿真研究，解决交流并网影响及功率越级返送问题。三是探索低压柔直互联的村级微电网，应用柔性低压直流互联装置，搭建±375V 直流母线，打造村级协调自治微电网，实现"光车（储）柔直"一体化管控。

3.2 南网智能配电建设现状及需求分析

3.2.1 建设现状

截至 2022 年 10 月，南网 65 个地市单位建成配电自动化主站并全部部署自愈功能，覆盖率达 100%，50 个供电局完成配电终端远程运维功能部署，实现终端定值调阅及远程修改等功能。全面推进配电自动化和自愈建设，配电自动化有效覆盖率达 80% 以上。数字化转型方面，东部地区打通计量自动化、营销系统横向业务系统，实现配电网监视业务从人工监视向智能研判转型，西部地区逐步建设应用。配电网故障精准定位，"两个五分钟"故障快速传递达到实用化水平。应用网络发令全面取代传统电话指挥，支撑配电网调度指挥业务向全流程网络化、智能化转型，实现了配电网调度"三降一提"目标。实用化验收方面，印发《南方电网公司配电网自动化实用化推进工作方案》《南方电网配电网自动化实用化评价指标体系》等标准，按照"省公司验收、网公司抽点复核"的方式，开展实用化验收工作。

1. 配电自动化实用化效果显著

相较于"十四五"初期，当前全网新投运配电自动化终端 3.27 万台，新增自愈控制馈线 1.54 万回，馈线自愈覆盖率提升了 11.1%。全网应控必控率大幅提升，实现故障抢修处置由现场操作抢修向远方遥控转电转型。配电主站自愈功能南网范围全覆盖，实现年累计自愈闭环动作转供电成功 3000 余次，减少停电时户数 90 余万时户。为提升配电网智能化水平，搭建网架分析系统，融合各系统功能模块多源数据，对分段、联络开关设置不合理等配电网网架结构问题进行分析，为线路有效覆盖及网架改造提供数据支撑。推广应用配电终端智能仓调技术，配电终端仓库调试机器替代，实现自动加量、信号自动核对、自动生成报告等功能。推广程序化控制技术，配电网运行控制逐步由机器替代，实现配电网合环转电、停送电、大面积转电等业务"一键操作"，计划工单执行时间从原平均 1h 降至 3min。

2. 配电物联网初见成效

在南网全域物联网平台及电网管理平台的建设下，配电物联网取得重要突破。2020年全网统一的物联网平台部署上线，支撑发输变配等领域终端数据按照物联网协议进行统一接入、统一采集。2021 年年底，电网管理平台试点上线，并于 2022 年 5 月实现全网推广，初步支撑了业务管理信息化。平台提供连接管理、设备管理、应用使能和运营支持等功能，具备亿级接入、千万级连接和百万级并发能力，实现各专业终端的电气量、状态量、环境量和视频图像等数据统一接入、采集和管理。物联网平台功能架构如图 3.1 所示。

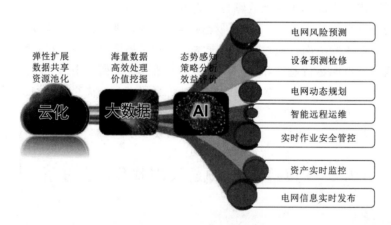

图 3.1　物联网平台功能框架图

智能配电 V3.0 已全面在南网五省区范围内推广应用，搭建起智能配电网完整的系统框架，确定了基于物联网技术、云边端统一架构的智能配电网建设技术路线，有效解决了各类智能技术应用过程中统一架构问题，极大优化了传统的配电网建设和运维模式。配电物联网体系的建设与投入使用取得了以下成效：

（1）为统一配电网数据汇集模型，设计了基于物联网技术的标准件"即插即用"信息交互技术和云边端统一的智能配电网模型体系。

（2）针对规模化智能配电网建设与运行，设计了基于云平台策略的智能配电网整体解决架构，编制了系统性、完整性、全覆盖的智能配电网设计标准和设计方案。

（3）为实现配电网全业务信息融合共享、支撑智能配电网的运行透明、管理透明和精准客服等，研发了贯穿营、配、调、规、安各环节，并能智能感知互联互通的网级配电网运行实时监测支持系统。

3. 数字化平台全面支持生产

配电域数字化平台投入建设并不断强化功能开发与应用部署，已全面支持生产工作。

功能开发方面，配电生产运行支持系统基于南网智瞰地图服务和全域物联网平台的实时数据，围绕智能配电站、智能开关站、智能台架变等业务场景，已实现 PC 端的智能配电网全景监测、智能配电房监测、智能低压台区监测、告警监测、站房管理、工程进度统计、离线监测、自动巡检等功能，在移动端实现了配电监测和告警查询功能。下一步继续推进智能配电房监测、低压台区监测和告警监测功能的实用化，完善告警处置、负荷分析、自定义巡检和调试工具等功能，新增架空线路监测和电缆线路监测功能。

系统应用方面，全网范围内（含示范区）通过全域物联网平台共计接入 22536 座智能配电站（智能台区）。由于采用总部和下属各供电公司分级部署的策略，南方电网公司总部、广东电网及下属各供电局、贵州电网及下属各供电局、广西电网南宁局已开通网络策略，可通过 4A 平台登录使用生产运行支持系统，其框架如图 3.2 所示。

截至 2022 年年底，《南方电网标准设计与典型造价 V3.0（智能配电）》同步设计落地，在全网 107 个地级市开展 V3.0 智能配电示范项目建设，在基层单位形成了良好示范效应。全网配电自动化覆盖率超过 95%，配电网通信覆盖率超过 98%。

南网按照"试点先行、分步实施、以点带面、全面推广"的原则，不断推进智能配电建设，积极以数字化、智能化手段开展业务转型升级和管理模式优化，全面推进智能配电网建设，在数字化、智能化建设上进行了大量实践，取得了积极成效。

积极推动中心城市（区）配电网高质量建设，已在粤港澳大湾区等城市选取核心区域，以用户平均停电时间 2.5min 为目标开展更高可靠性建设，保障地区经济社会快速发展。针对高负荷密度、高可靠性要求区域，基于智能配电标准设计 V3.0 技术路线，建设高品质供电引领区，客户年平均停电时间达到 2.5min，电压质量达到 99.999%，配电自愈达到 100%，达到国际顶尖水平。

3.2.2 现存问题

（1）各地区发展不充分不平衡：从电网公司层面看，东部地区比西部地区的配电网数字化水平和配电自动化实用化水平高，如广东地区的主站系统高级应用丰富，已具备程序化控制和网架分析等功能，而西部地区仍普遍无法实现系统自动统计实用化指标；省公司内部各地市单位亦有较大差距，如云南省文山局的平均停电时间比玉溪局多出 36h、广西新电力与母公司自愈覆盖率相差 42%。

（2）自动化运维管理仍需提升，体现在受限于主站功能、通信条件和设备水平，配电终端远程运维应用范围仍较小；缺陷管理制度执行不到位，系统无法自动识别所有终端缺

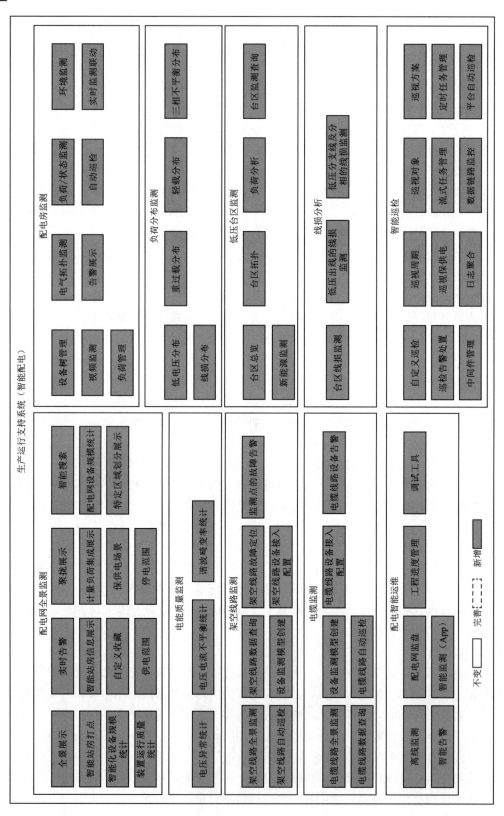

图 3.2 生产运行支持系统功能框架图

陷，对于人工巡视发现的缺陷，存在未录缺陷单和未及时处理闭环情况；终端台账仍需人工运维，工作量大，台账信息错误、不齐全和台账缺失情况普遍存在。

3.2.3 改进措施

（1）借鉴东部先进地区经验，推广至西部地区：一方面加强专业协调，完善制度规范，借鉴管理方法，完善标准体系，建设先进、高效、全面的运维体系；另一方面，推广先进实用的技术手段，完善主站功能，提升系统性能，提高数字化水平，切实为调度和运维人员提供技术支持和数据支撑，帮助其提高工作效率。

（2）加快推广配电终端远程运维功能建设，2023 年实现主站功能全覆盖，进一步扩大配电终端远程运维覆盖范围。

（3）规范配电自动化缺陷管理，将终端消缺及时率纳入考核指标。

（4）完成资料电子化移交全过程信息系统固化，部署台账规范性校验工具。

3.3 广 东 佛 山

3.3.1 "十四五"发展规划

"十四五"期间南网广东佛山供电局智能配电网建设总体目标：紧紧围绕为发展赋能、为基层减负目标，坚持安全发展理念，基于生产域业务数字化需求，坚持目标导向、问题导向、结果导向，依托数字化、智能化技术手段，全面推动成熟型智能技术应用、分步推进试点型智能技术应用，开展大数据分析、图像识别等研究型智能技术攻关，提升智能终端覆盖率，优化生产组织模式，通过技术应用、管理创新，着力提升电网运行水平、提升生产指标、提高管理水平、提高劳动生产效率，切实做到为管理增效、为基层减负，为新型电力系统建设提供技术支持，全方位支撑和服务电网发展。

围绕"争当全国最好世界一流省网企业"的目标，着力提升"调度监控、系统运维、智能应用"等关键能力，从专业管理、技术支撑、技术创新、人才培养和专业协同等方面系统性提升自动化专业管理水平和支撑水平。

（1）设备智能化覆盖率大幅提升。完成网架改造、自动化开关、专变用户"看门狗"和存量 97 规约电能表更换。实现高可靠性示范区理论最小自愈率达 58%，重点发展区配电自动化有效自愈率达 100%，自动化开关定值远程调阅覆盖率提升至 70%，存量保供电区域用户"看门狗"覆盖率达 100%，存量用户故障出门用户"看门狗"覆盖率达 100%，中压新装专变用户"看门狗"覆盖率达 100%，实现全部低压集抄宽带载波改造。

（2）智能运维技术得到突破。完成无人机缺陷图像识别算法研发、完成自愈分析判断策略优化、完成电缆在线监测和电缆通道可视化监控安装、推进智能电房建设和完成量测技术研发，提升无人机缺陷图像自动识别比例，提高最小可自愈率，完成重点区段可视化监控装置试点安装，完成存量智能配电房改造，实现停电、低电压用户实时监测。

（3）生产管理模式进一步优化。发挥市局生产指挥中心远程监控功能，开展远程生产监控和应急指挥，强化区局生产指挥中心智慧运维和集约作业功能，基于供电所实际选择最优生产组织模式，建立适应配电数字化工作制度体系，建立健全相关制度、标准及规范，基于区域特征明确数字化配电差异化建设标准，建立统一的跨业务线配电数字化技术路线。

3.3.2 建设现状

党的十九大报告做出了推动高质量发展的决策部署,提出了全面建设数字中国战略,要求对传统产业进行全方位、全链条的改造与升级,形成数字和产业的"双轮驱动"。2018 年以来,南网相继发布了《智能技术在生产技术领域应用路线方案》《公司数字化转型生产域行动计划》,持续推进生产域数字化转型和生产管理提升工作,佛山供电局承接公司数字化转型工作,围绕为发展赋能、为基层减负工作目标,推动智能技术在生产领域应用,初步实现"设备可视化、巡维少人化、操作程序化、故障自愈化",实现传统业务变革,为电网高质量发展打下良好基础。2021 年南网广东佛山供电局智能配电网建设现状见表 3.1。

表 3.1　　　　　　　2021 年南网广东佛山供电局智能配电网建设现状表

序　号	建设项目	单　位	数　量
1	光纤通信网网管平台	套	1
2	配电网光缆	km	2473
3	骨干交换机	套	4
4	汇聚交换机	套	227
5	工业交换机	套	2123
6	公网无线终端	套	11099
7	无线专网基站	套	20
8	无线专网终端	个	162139
9	配电网自动化一遥终端	个	12441
10	配电网自动化二遥终端	个	12441
11	配电网自动化三遥终端	个	12441
12	负控终端	个	70000
13	配变终端	个	70000
14	配电网自动化有效覆盖率	%	91.42
15	配电网自动化终端通信覆盖率	%	100
16	智能电表覆盖率	%	99.99
17	配电站智能化率	%	较低
18	开关站智能化率	%	较低

近年来,随着持续推进生产域数字化转型工作,智能化建设成效逐步显现。配电率先完成全网配电网故障自愈功能全覆盖,调度建成南网首个调控一体化目标模式示范站点,生产指挥中心远程化、集约化开展相关业务。2020 年智能化作业共节约工时约 4.6 万 h,2021 年约 7.5 万 h,全面提升了电网管理水平和劳动生产率。

1. 配电智能化建设工作成效

一是率先全网完成配电网故障自愈功能全覆盖,年累计减少用户故障平均停电时间 0.23h,节约抢修人员现场故障处理工时 592h。二是实现非禁飞区 10kV 公用架空线路无人机自动驾驶巡视全覆盖,无人机自动驾驶巡航里程 1.27 万 km,通过图像识别技术发现缺陷 6601 项，总计节约线路现场巡视工时 1.27 万 h。三是完成南海金融高新区智能配电房全覆盖，全局合计建成满足南网 V3.0 标准的智能配电房（台架）556 个，实现设备状态、运行数据和环境情况的实时远程监测、告警主动推送，年累计节约现场巡视工时 6672h。四是构建配电网大二次智能运维体系，打造仓调诊断师、定值远程管控、夜巡机器人"三驾马车"。仓调诊断师实现终端一键程控调试，可缩短 95％调试用时，年均减少仓调工时 4000h。定值远程管控实现配电自动化终端继保定值的自动整定、远程调阅、下装和校核，平均用时小于 5min，年减少现场作业工时 4500h。夜巡机器人每天凌晨自动批量测试"三遥"开关遥控预置反校，每 15 天完成一轮全量测试，减少调度遥控测试工时约 1 万 h。五是实现配电网网架静态数据的自动量化分析，为配电网规划、自愈建设、应急处置等提供基础数据支撑，并得到网省公司肯定，成为网省级分析系统开发模板。

2. 调度智能化建设工作成效

一是国内率先实施电网监视领域数字化改造，网内首创"一图看全网"多维智能配电网驾驶舱，不同维度透视配电网规模、故障跳闸、综合能源、线损分析等信息，提升复杂电网驾驭能力。二是建成网内领先的二次设备智能远程作业管控平台，实现智能化巡视、定检、定值管理、远程作业，建立集约化运维机制。其中，全网率先实现配网保护定值"四个自动"一体化运维，覆盖率约 45％。三是全网率先实现自动化主站全设备智能监视、日常运维巡视智能可视化、配电网一键仓调 100％覆盖、二次安防设备远程调阅全覆盖、配电网全流程工单自动审核闭环等，以最高分通过南网公司 2021 年度配电网自动化实用化验收。

其中智能配电网重点建设方向包括透明配电系统提高自动化技术支撑能力。

（1）配电网设备调度操作模式（操作远程化、程序化）。大力推进配电网调度智能程序化操作，实现调度端与现场端操作交互全过程智能运转，具备遥控功能的中压设备由调度负责其运行与热备用之间的状态转换，以程序化操作模式替代人工遥控操作及操作后对设备状态自动置位。三年内对具备程序化操作条件的调度操作任务 100％实施程序化操作。

（2）点图成票的推广应用（操作无人化、程序化）。以减负增效、技术安防为目标，配调研发的点图成票系统，实现了调度操作步骤、现场操作步骤的点图同步生成以及系统安全逻辑校验的一键成票功能，并实现了调度、供电所应用全覆盖，为调度操作无差错提供了可靠的保障。

3. 点图成票应用案例

（1）研究目标：获取 GIS 模型图形文件及主站参数，系统后台按操规预设智能成票规则，选定转供电开关、停电范围一键生成操作票。实现操作票步骤智能生成，多维度信息安全校核，程序化操作自动执行。

（2）技术创新点：智能（全自动生成）、安全（多维度校核）、高效（秒级）、减负（多专业一体）。

（3）应用实效：2020 年应用以来，已生成 3.5 万多张操作票，7.5 万多个步骤，操作票生成效率、正确性、传递效率提升 90％以上。不仅提升安全操作水平，还提升人工机效：减少供电所人员操作票填写工时：7500h，减少调度方式审批工时：900h，减少调度员审核工时：700h，减少人工操作工时：305h。

3.3.3 现存问题

目前智能配电网建设仍存在"智能技术路线不明确、智能技术储备不够充分、智能终端覆盖率不高、业务替代率不高、大数据应用不够充分、生产组织模式与智能运维不匹配"等问题，未能充分发挥生产域智能化建设成效，机器代人建设成效不显著，未将一线班组员工从低效率、高强度的巡视作业中解放出来，迫切需要总结建设经验、完成顶层设计、逐步推进智能化建设。具体来看有如下几个方面：

（1）智能运维成效未达到预期。自愈虽已实现全覆盖，但基于标准网架馈线组的自愈占比低，最小可自愈率不高，对供电可靠性贡献不突出；已投运自动化开关"应遥已遥"工作未完成，"四遥"比例不高，自动化开关"电气测控"功能和"减员增效"作用未充分发挥。

（2）智能终端覆盖率不高。智能电房目前主要在广东南海金融高新区和禅城局试点，建成并接入系统的智能电房数量少、覆盖率低，未形成规模效应，对生产运维模式优化支撑不足。

（3）大数据应用不够充分。现有智能电房管理系统不成熟、功能较少，大量实时监测数据未深入分析、充分应用，无法满足智能化无人巡视、问题工单驱动维护业务等高级应用需求。

（4）智能技术与人才储备不足。无人机缺陷自动识别功能仍待完善，自动识别成功率不高，能识别的缺陷类型种类偏少，机巡每月产生的海量图片数据仍主要依靠人工进行识别核对。

（5）系统平台对智能运维支撑不足。网省公司层面没有建立集中式配电网中低压一站化智能监控管理平台，配电网各项智能化业务均通过独立的信息系统进行管理，且由于各系统分布于不同安全区存在无法在同一台电脑登录使用问题，查询管理效率较低，无法有效支撑数字化运维工作体系化开展。

3.3.4 提升建议

针对以上存在的问题，在后续智能配电网建设过程中需要从以下方向进行提升：

（1）突破智能运维技术。完成无人机缺陷图像识别算法研发、完成自愈分析判断策略优化、完成电缆在线监测和电缆通道可视化监控安装、推进智能电房建设和完成量测技术研发，提升无人机缺陷图像自动识别比例，提高最小可自愈率，完成重点区段可视化监控装置试点安装，完成存量智能配电房改造，实现停电、低电压用户实时监测。

（2）优化配电智能化建设技术路线。建立统一的跨业务线配电数字化技术路线。各业务线按照建设"巡视无人化、操作远程化、故障自愈化、二次智能化、台区透明化、线损精细化"以及"站线变支户"全链路智能透明可视的数字化配电网目标，制定涵盖自愈及自动化、无人机巡、智能配电房、智能线路、智能电表等全业务域，实现融合贯通穿透支撑的大一统技术路线。

（3）配电大数据挖掘应用。构建生产指挥监控平台实现指标业务集中智能监控。实现生产指标可观可控，业务动态一目了然，通过指标穿透，发掘管理短板，实现生产指标可信可用，实现基层主要报表的自动生成以及跨业务域预警信息在配电网管理各相关层面的推送。

（4）配电专业生产组织模式优化。一是发挥市局生产指挥中心配网运营指挥作用。发挥市局生产指挥中心远程监控功能，开展远程生产监控（最终包含配电网关键指标监控、设备智能运维、业务集中监管、辅助调度等四类业务）和应急指挥（应急处置、保供电等）；二是强化区局生产指挥中心智慧运维和集约作业功能。发挥区局"生产指挥中心＋智能监控班＋配电网自动化班＋智能作业班"作用，强化区局生产指挥中心智慧运维和集约作业功能，推行区局层面"集中监控＋集约化作业＋运检分离"；三是基于供电所实际选择最优生产组织模式，基于"中压'巡操检修分离'、低压'营配末端融合'"的配电网运维管理原则，各区局、供电所结合辖区大小、中低压设备规模、用户及业务比例、人员配备等实际情况选择最适合的生产组织模式。

3.4 江 苏 省

3.4.1 "十四五"发展规划

1. 推进配电设备侧物联体系建设

提高物联感知技术在配电领域的应用水平，固化配电站房典型设计中传感器、节点通信装置布设方案，推进环境监测、感知联动、设备状态监测、视频监控等15余类传感器和节点通信装置在配电站房的规模化应用。优先针对存在"四防"隐患、老旧、重要用户供电等存量配电站房开展物联化改造，实现标准微功率、低功耗、多模感知无线信号覆盖，同步部署环境感知及在线监测装置。新建配电站房建设阶段同步并行部署物联装备，实现设备及环境状态全面感知。

2. 提升中压配电网透明化感知能力

加快配电自动化终端建设，按照"五同步"的原则，推进一、二次融合设备有效覆盖，在配电线路大分支首开关、关键分段、联络和用户分界完善自动化终端布点，提升"三遥"终端占比，实现中压配电网"可观、可测、可控"，支撑负荷精准控制能力提升。提升配电自动化实用化水平，加快故障自愈线路投运，开展故障录波智能分析中心建设，提升接地故障研判准确率；探索无线遥控应用新模式，加强5G切片技术及4G遥控安全技术探索，新建终端5G遥控技术应用试点，推进存量终端逐步有序开放4G遥控应用；完善配电自动化主站Ⅳ区系统中台化演进，通过"最小化精准采集＋数字化计算推演"，实现配电网潮流实时计算，支撑线损精准治理。依托配电自动化、融合终端、智能站房、无人机、机器人等在线监测装置应用，实现配电全场景线上精准管控，结合电网一张图，实现配电网全景可观、可测。

3. 推进低压配电网透明化建设

加快配电自动化终端建设，坚持"一台区一终端"的原则，修订完善低压配电网典型设计，加快新型台区智能融合终端建设应用，推进新建及改造台区一、二次同步建设，提升台区终端覆盖率。提升低压配电网实时感知能力，依托工单驱动和移动应用推进业务数字化，实现低压台区异常事件工单通达，支撑低压精益化运维；通过与低压智能断路器、智能电容器等低压智能设备深度交互，支撑低压无功电压治理、台区线损和可靠性分析；通过"即插即用"单元实现分布式光伏、充电桩、储能装置等运行状态监测，协同调节网侧可控资源，提升台区光伏消纳能力。

4. 加强设备数据智能分析能力

加强边缘计算能力建设，加快配电站房智能网关、台区融合终端建设，实现从环境量、电气运行数据和缺陷趋势多维度本地分析，支撑本地故障综合研判、台区可开放容量、负荷聚合控制、电能质量本地分析和设备运行状态提前预警等业务应用。加强图像识别能力建设，利用人巡、机巡等方式，不断积累可见光、红外等非结构化数据，构建配电典型缺陷样本库，完善各类缺陷的不同表现形式与样本数量。打造人工智能图像识别平台，利用各类缺陷的不同特点，强化设备缺陷学习和识别能力，实现各类典型缺陷的智能识别与判断。加强设备实时诊断和状态趋势分析能力建设，建立声纹、红外、局放图谱缺陷特征库，综合利用深度学习、云计算等技术，实时匹配配电网设备带电检测数据与典型缺陷，实现设备缺陷实时可视化诊断。加强配电网运行数据和历史带电检测数据的数据挖掘，捕捉设备早期故障的先兆状态量信息，自动、实时分析设备健康状态。

5. 加强无人机巡检装备建设

加强 RTK 机型配置，开展核心技术研究与应用，依托参数化建模技术，构建三维全息数字平台，推广架空配电线路无人机巡检应用，实现通道自主巡检。

6. 加强站房巡检机器人及可视化建设

加快智能配电站房建设，推广站房机器人及可视化系统协同巡视模式，依托电网资源业务中台，推进站房可视化与机器人业务数据云端融合，扩充缺陷样本库规模，构建巡检点位数据中心，研究巡检任务自主规划算法，实现配电站房无人化自主巡检。

3.4.2 建设现状

国网江苏省电力有限公司聚焦电网本质，构建配电设备侧物联体系，推进中低压配电网透明化建设，实时感知电网设备运行和环境状态，提升可观、可测、可控能力和实时交互水平，强化设备数据智能分析能力，通过配电网智能化驱动物理电网升级。截至2022年年底，国网江苏省电力有限公司共有中压配电线路 4.3 万条，建设配电自动化终端 16万台，线路配电自动化覆盖100％，馈线自动化功能100％覆盖；建设配变智能终端 38 万台，智慧配电站房 0.7 万座。2022 年 3 月，国网江苏省电力有限公司电力科学研究院研发的国网系统内首个省级配电网数字化管控平台上线。平台管控范围覆盖配电网建设、运行、故障、检修、服务、自动化监控以及智能辅控等配电全业务，基于全业务数据分析，智能挖掘各类业务运行异常问题，基于专业智能辅助分析，智能诊断异常问题原因与治理决策，提升省内配电网精益化与数字化管控能力。

3.4.3 现存问题

国网江苏省电力有限公司经过一定阶段的建设及实用化应用，通过对配电网智能化建设应用分析总结，发现存在以下几个方面的问题：

（1）通信稳定性不足。现有配电网智能化终端主要通过无线公网、无线专网、光纤、载波方式接入，无线公/专网接入方式占 70％左右。无线通信虽然建设灵活，但是存在通信信号不稳定，易受干扰、偏远地区或地下室等遮蔽地区信号弱等问题。

（2）终端设备运行可靠性不足。终端运行环境相对恶劣，终端后备电源、通信模组以及环境防护等方面有待进一步改进完善。各品牌产品成熟度不一，在长期运行过程中，会出现难以通过检测和验收手段发现的问题，导致装置运行可靠性差。

（3）人工智能准确率有待提高。边缘计算、人工智能算法还不完善，图像识别准确率、设备状态实时诊断和状态趋势分析能力、故障早起预警分析等方面还需要进一步提高。

（4）设备互操作存在不足。终端设备、边设备之间通信协议、模型表述不统一，设备之间互操作调试工作量大。

3.4.4 提升建议

为解决上述智能化方面存在的不足及困难，需要对现有设备进行升级优化。主要内容为：

（1）通信方面：根据不同区域采用不同通信方式，因地制宜，差异化推进通信系统建设。对于电缆线路及地下配电设备，优先采用光纤后载波通信；对于架空线路，推进无线通信接入，积极推进 5G 通信技术研究与应用，提升终端远程接入能力。提升低压通信能力，采用载波通信为主、微功率无线为辅的通信方式，提升低压智能配电设备本地采集接入能力。

（2）设备质量方面：完善智能设备技术要求，重点针对易故障部位及部件的设备选型、制造工艺等方面，优化终端供电电源及后备电源技术规范、提高设备防护等级要求。

（3）终端设备"即插即用"方面：参照公司统一的配电物联架构，完善配电网智能设备物联模型体系，统一通信协议和交互规范，实现纵向"云管边端"的"即插即用"以及横向智能设备之间的互操作。

（4）智能分析应用方面：加强边缘计算能力建设，加快配电站房智能网关、台区融合终端建设，降低现场运维人员压力，减少被动抢修情况，实现从环境量、电气运行数据和缺陷趋势多维度本地分析，支撑本地故障综合研判、台区可开放容量、负荷聚合控制、电能质量本地分析和设备运行状态提前预警等业务应用。

3.5 湖 北 省

3.5.1 "十四五"发展规划

湖北省全面推行网格化规划，实现一乡一所一册，大力推广配电网典型模式、标准接线。为落实国家区域协调发展、乡村振兴和新型城镇化战略，湖北省对接"一主引领、两翼驱动、全域协同"区域发展布局，推进国际领先城市电网建设，实施农村电网巩固提升工程。预期"十四五"期间配电网建设投资 700 亿元，计划将武汉建设成为世界一流城市电网，宜昌、襄阳电网达到全国同等城市先进水平，其他城市电网达到中部地区领先水平。2025 年城乡供电可靠率分别达到 99.985%、99.915%，分别超过国网整体目标 0.015、0.035 个百分点。

加强中压配电网智能终端部署，2021－2023 年建设终端约 5.5 万台（套）。大力提升配电自动化实用化，全域部署"三遥"配电自动化设备，以集中型、智能分布式馈线自动化模式，实现故障快速自愈。"十四五"期间，武汉核心城区实现配电自动化覆盖率 100%、馈线自动化有效覆盖率 100%、用户年平均停电时间不超过 1h，其他城区实现馈线自动化有效覆盖率 50%、用户年平均停电时间不超过 3h。2025 年，基本建成安全可靠、绿色智能、灵活互动、经济高效的智慧配电网。实现配电网可观、可测、可控。将全息实时感知延伸至中低压配电网，实现用户表计、台区装置、配电设备全场景海量信息数据全采集。运用新一代通信技术，升级配电系统通信网络，实现客户、配电网、分布式电源、储能设备万物互联、人机交互。建设大数据中心，依托强大的"电力＋算力"，使配电网具备超强感知能力、智慧决策能力和快速执行能力。推动应用新型储能、需求侧响应，通过多能互补、源网荷储一体化协调控制技术，提高配电网调节能力和适应能力，促进电力电量分层分级分群平衡。

3.5.2 建设现状

截至 2022 年 6 月，全省 14 家地市公司均已按照国网新一代配电自动化主站功能规范进行新建或升级改造，84 个县公司已建设完成 76 个工作站。通信方面共计敷设光纤 3501km，新建 ONU4255 台，光纤通信的终端占比 14.43%。全省累计建设中压配电自动化终端 29472 台，其中 FTU（含一、二次融合成套柱上开关）18360 套、DTU（含一、二次融合环网柜）6965 套、故障指示器 4147 台。共投运中压配电自动化终端 28022 台，其中 FTU（含一、二次融合成套柱上开关）17347 套，投运率 94.48%，DTU（含一、二次融合环网柜）6744 套，投运率 96.83%，故障指示器 3931 台，投运率 94.79%。共建设低压台区终端 39820 台。

（1）重点建设方向：推进配电网"两降一升"（降低频繁停电、降低低电压、提升配电自动化实用化）两年攻坚行动；推进新型电力系统示范建设；推进神农架森林电气火灾隐患风险治理。

（2）应用案例：推进配电网"两降一升"两年攻坚行动。

（3）工作经验：强化顶层设计，以标准、规范促实用。牵头编制《10kV 线路继电保护整定指导意见》，以简单、实用化为基本原则，明确了变电站出现开关开放保护时延，与分支、分界开关形成级差保护配合，干线分段开关采用馈线自动化策略的整体思路。同时针对 10kV 各类中性点接地方式部署对应的单相接地故障处置策略，提高接地故障防御能力，有效避免 10kV 线路开关保护越级跳闸，提高供电可靠性，减少压降频繁停电投诉。强化运行分析与新技术应用，推进"低电压"差异化治理，深入县、区开展"低电压"调研、典型场景排查与问题剖析，结合湖北省不同区域"低电压"产生原因，提出差异化"低电压"治理措施，尤其是针对"线损型"低电压和"重载型"低电压等难点问题，积极探索新技术应用，研发并应用柔性直流低电压直流装置以及储能型末端低电压治理装置，有效解决了低压供电半径长、末端供电能力不足产生的低电压问题。以数字化为手段，提升配电自动化实用化水平。开展配电自动化云主站建设，强化雨雪冰冻灾害等恶劣天气期间运行分析，以典型案例为对象，深入开展级差保护成效分析，进一步夯实应用基础，开展存量自动化设备梳理治理。

（4）应用实效：与 2021 年相比，频繁停电压降 93.24%，故障全线停电压降 60.04%，低电压台区压降 33.01%，配电自动化实用化覆盖率提升 10.90%。

3.5.3 现存问题

目前，湖北省智能配电网建设过程中仍存在以下问题：

（1）配电网基础仍显薄弱，尤其是自动化能力欠缺，亟待强化技术支撑保障。当前湖北配电网发展呈现不平衡、不充分，防灾抗灾能力不足，标准化建设不够等问题。透明化感知能力欠缺，同时基层单位尤其是县公司、供电所等对配电专业重视程度不够，人、财、物等核心要素配置仍然不足，基层外委依赖程度高，技术储备严重不足。

（2）配电网形态发生根本性变化，技术创新亟待提升。为适应配电网从无源向有源转变，亟需针对大型城市配电网、农村县域配电网等场景开展配电网网架形态演进、稳定运行分析、新型控制保护等前沿技术的探索研究和新装备的研发，深化"大云物移智链"、智能量测、先进通信、数字孪生等数字技术的应用，构建适应湖北新能源发展的有源配电网。

（3）海量数据接入，数字化配电网应用模式尚待摸索。随着海量智能配电设备接入配电网，数据规模呈几何级数增长，智能配电设备类型多样，数据接口不尽一致，配电网逐步呈现数据量大、数据类型复杂等特点，大数据有效应用给配电网的建设发展带来了重要挑战，亟待依托云平台建设，探索数字化配电网应用模式，依托数字化技术助力配电网提质增效。

（4）应对海量分布式电源和电动汽车等新元素的接入，新型电力系统示范探索需求迫切。配电网是新型电力系统建设的主战场，为应对海量分布式电源、电动汽车等新元素的友好接入，提升配电网的承载能力和供电可靠性，亟需开展网架结构优化、开关设备的升级与智能化、自动化系统升级等提升配网智能化的升级改造。为切实有效地支撑省公司开展新型配电网建设和运行，亟需选取典型场景，构建典型示范工程，开展交直流混联网架结构及运行控制技术、新型柔性可控设备、源网荷协调控制技术的应用，形成典型案例。

（5）配电网装备大幅增长，技术指标迭代迅速，功能性能验证把控需充分保障。随着新型电力系统技术及设备迅速发展，面对新的技术趋势和增量新型配电设备/装备，亟需建设完善质量检测评估及功能实证平台，提高设备/装备入网质量和运行可靠性、有效性，为切实提高配网安全稳定运行发挥实效。

3.5.4 提升建议

（1）以安全可靠、经济适用为基本原则，强化实用化通信网建设。差异化推进通信通道建设，中压配电网城区以光纤通信为主体，保障集中型馈线自动化动作可靠性及动作速度。其他区域原则上以无线为主体，依托安全接入区有序开放无线遥控，地下开闭所、林区弱信号区可适当以载波为补充。低压配电网以无线为上行通信，结合应用场景及传感器特性，规范载波/微功率无线通信方式，避免通信模式繁杂带来后续大量维护问题。

（2）夯实配电设备尤其是新型电力系统建设趋势下智能配电设备质量管控。持续强化配电设备质量管控，逐步将新型电力系统各类智能配电装备纳入常态化物资质量检测体系。夯实检测能力建设，重点针对二次设备强化真型实证测试、系统级功能测试，确保性能满足应用需求、功能正确可有效发挥。实行配电线路、设备、系统故障"一事一分析"，将分析结果反馈于物资招标环节，达到质量优选目的。

（3）依托配电自动化夯实数字化基础。以实用化为导向，在理清"一线一案"的基础上，以区域、网格为单位。结合城网、农网特点采用不同馈线自动化模式（城区集中型、农网就地后加速型）、不同通信手段（城区核心区光纤为主、农网无线为主）、不同设备部署（城区终端、农网终端＋故障指示器＋故障定位装置），差异化推进配电自动化建设，提高布点效率，在满足实用化需求的同时降低后续运维压力。

（4）探索"最小化采集"模式，保障数据质量。依托"最小化采集＋系统数据推演"，提高投资精准性及资金利用效率，通过部分边端设备采集、量测中心获取的营销侧数据等多源信息，结合拓扑分析结果，采用状态估计算法推算非自动化开关节点的量测与开断状态等开关节点信息，扩大配电网感知的深度与广度，实现采集数据的再应用。强化二次设备入网调试、系统数据质量自动校验、数据质量运维等关键环节，夯实数据质量治理，确保数据质量，助力分析应用。

（5）加强配电网与分布式能源的统筹规划与管理，实现源网友好互动。建立分布式能源与配电网的同步发展机制，结合城网、农网网架特点，差异化引导充电汽车、分布式光伏等新能源有序并网，满足多元用能需求，优化电网资源布局，动态发布可开放容量信息，加强配套电网工程建设，保障新增电源、负荷快速接电。

（6）依托数字化、智能化技术手段，解决人、财、物资源瓶颈问题。通过配电网数字化基础，提高透明化感知及智能化分析水平，提高巡检、抢修等业务针对性，将数字化、智能化定位为解决设备及系统规模与人员承载力重要矛盾的关键手段，实现"数字驱动业务、业务驱动数字"双向循环。以工单驱动模式为主体，综合发挥配电自动化系统、用电采集系统协同优势，实现工单精准派发、资源精准调配，推进业务工单化管理，解决传统管理效率低下问题，为解决资源瓶颈提供重要手段。

3.6 四 川 省

3.6.1 "十四五"发展规划

"十四五"期间四川省智能配电网建设总体目标：通过智能配电网建设，持续优化完善配电网规划理论、建设标准和管理体系，不断提高配电网的适应性、可靠性以及数字化、智能化水平，更好支撑新能源科学高效开发利用和多元负荷友好接入，全面提升配电网智能化水平。

严格遵循配电网数字化转型"两系统一平台一应用"的总体原则，以PMS3.0、配电自动化系统为基础，以供电服务指挥平台为核心，以i配网移动App为执行单元，构建起面向设备、面向基层、面向一线的智能配电网体系。2023—2025年分别达到以下建设目标：①配电线路自动化有效覆盖率：50％、80％、100％；②配电台区智能化覆盖率：70％、90％、95％；③配电主站、配电终端在线率：90％、92％、95％；④故障自愈型配电线路占比：10％、30％、60％；⑤"三遥"配电设备占比：20％、40％、60％；⑥配电网业务在线率：40％、70％、100％；⑦智慧型配电线路占比：10％、20％、40％；⑧智慧型配电站房占比：20％、40％、60％；⑨低压无功补偿装置运行状态监测率和控制率：10％、50％、100％；⑩电缆精益化管控模块台账准确率：60％、80％、90％。

3.6.2 建设现状

2021年四川电网智能配电网建设现状见表3.2。截至2021年年底，全省已建成地市配电自动化主站11个，省级配电自动化主站1个，12个系统整体运行较好，平均运行率100％，配电终端在线率83.38％，全年遥控操作4774次，处理故障2455次，遥控使用率80.32％，遥控成功率91.39％，遥信动作正确率89.66％。

表 3.2　　　　　　　　　2021 年四川电网智能配电网建设现状表

序　号	建　设　项　目	单　位	数　量
1	光纤通信网网管平台	套	11
2	配电网光缆	km	1186
3	骨干交换机	套	22
4	汇聚交换机	套	23
5	工业交换机	套	35
6	公网无线终端	套	28459
7	配电网自动化"二遥"终端	个	18320
8	配电网自动化"三遥"终端	个	21185
9	配变终端	个	70000
10	配电网自动化有效覆盖率	%	43.5
11	配电网自动化终端通信覆盖率	%	100
12	智能电表覆盖率	%	99.99

已投运的地市配电自动化系统平均倒闸操作时间大幅降低，由投运前的 52.58min 缩短至 17.95min，降低 65.86%；非故障区域平均恢复供电时间由投运前的 96.33min 缩短至 32.67min，降低 66.09%。

开展省级配电自动化主站适应物联网改造，搭建完成云化的省级配电数字化平台，实现低压配电网数据海量接入能力，微应用集中管理，满足全省配电物联网建设。

持续开展配电自动化实用化建设应用，一是制定森林草原配电线路一、二次融合成套开关的接地保护功能配置和参数设置指导意见，确保防山火开关的接地故障正确快速就地处理；二是基于配电主站开发完善配电终端联调验收和数据质量功能，实现对配电二次设备的安装、联调、运行、监测和维护等过程管控，确保设备联调安装质效，实现设备在线监测和运行评价，提前预警和主动开展设备运维；三是持续开展全川配电线路馈线自动化差异化配置和应用落地，提升配电网故障自动处理能力；四是开展配电线路山火监测及处置攻关，完成配电线路山火智能防控功能的开发部署，实现山火风险感知、隐患预防和故障处置，科学指导高火险线路的停运避险，已覆盖配电线路 300 余条，成功实现山火风险预警处置 50 余次。

持续推进在城网台区数字化转型应用，一是采用 HPLC 伴听模式实现了 89 个台区的营配数据本地交互，成功获得电表台账信息、停复电事件信息、96 点曲线信息和冻结数据信息；二是实现了低压反窃电场景示点应用，通过营配贯通实时获取用户电表数据，并通过 4G 网络上传到配电物联平台，配电物联平台部署反窃电预警模型，实现台区及用户窃电行为辨识；三是低压用户接入方案优化示点应用，通过可开放容量计算、负荷预测及三相不平衡分析，支撑配电台区低压用户接入，避免低压用户不合理接入导致重过载、三相不平衡；四是台区智能防外侵示点应用，将箱变柜原有机械锁具更换为智能门锁，智能门锁输出开启和关闭硬接点信号，上报融合终端开锁记录，有效追踪开锁时间；五是台区物联网全息感知示点应用，通过安装温湿度、水位、局放等传感设备，实时获取配电变压器的运行状态及运行环境数据，并上传配电物联平台进行可视化展示；六是低压配电台区三相不平衡治理示点应用，实时采集分析台区三相电压数据，通过控制换相开关有序引导负荷接入相位，实现三相不平衡综合治理。

四川电网在智能配电网建设过程中重点推广应用具备接地保护功能的智能配电设备、开发主站智能化应用以提升四川配电网单相接地故障处置能力。

（1）配电网架空线路推广应用一、二次融合成套柱上开关接地保护功能。通过现场试验和实验室测试，科学遴选出一、二次融合成套柱上开关作为四川配电网单相接地故障处置的主要技术措施；制定《穿越森林草原配电线路一、二次融合成套柱上开关的功能配置和参数设置指导意见》，为现场运维提供了科学参考，不仅提高了运维处置效率，还支撑一、二次融合成套柱上开关发挥实效；四川森林草原配电线路已累计安装一、二次融合成套柱上开关 4000 余套，配电网单相接地故障准确识别处置率已从过去的不到 40% 提升至 85.1%。

（2）基于省级配电自动化主站自主研发配电网单相接地故障智慧分析决策智能应用。该应用主要由数据层、分析层和应用层构成。数据层承担数据融合的角色，对数据进行关联分析和特征学习。分析层充当决策处理的智慧大脑，对故障发生、发展过程、特征、位置和最佳处置方式进行快速的研判和决策。应用层作为服务提升的平台，指导生产人员设定最佳算法、保护启动门槛判据和最佳处置方法，实现故障的精准辨识和正确处置。

典型应用案例：配电网单相接地故障智慧分析决策智能应用。

研究目标：以"融合"的模式汇聚真型试验、仿真平台和配电自动化主站的故障录波源，根本性地解决了传统模式下故障案例点多分散、量大面广、缺乏系统性的分类整合。以"群策"的思路集成故障研判领域典型四种主流算法，并自主研发基于机器学习等人工智能分析模块，丰富、健全了故障研判领域的智慧分析决策体系。

技术创新点：智能、高效、减负。

应用实效：截至 2022 年 11 月，已面向全川 22 个地市公司提供故障研判应用功能，每日分析、处理疑似接地故障达千起，故障研判时间缩短至 200ms 以内，研判故障准确率提升至 85% 以上。

3.6.3 现存问题

（1）中压配网智能化水平较低。配电网开关类设备智能化覆盖仅为 32.25%，实时监测和故障隔离颗粒度不足。主站、通信、终端运维人员不足，技能水平不高，终端平均在线率比东部发达网省有一定差距。调度专业支撑力度不足，导致配电开关远方遥控功能覆盖率仅为 11.21%，馈线自动化覆盖率未达到国网平均水平，配电自动化实用化受限。

（2）低压配电物联网应用不足。截至 2021 年年底四川电网已经完成 19 万个台区智能化改造，覆盖率达到 65.51%，但营配数据本地融合的台区仅有 209 个，占比太少，导致台区实现状态全感知和停电信息分析精准到户等目标难以实现。

（3）供服中心运营支撑有待提升。部分供服中心未有效发挥作用，业务应用单一，对专业支撑不足，基础数据治理进度缓慢，营配调通质量距离电力物联网建设和工单驱动业务转型的要求仍存在较大差距，新业务相关管理制度和流程亟待建立完善。

3.6.4 提升建议

（1）加快 PMS3.0 建设应用落地。深化电网资源业务中台建设应用，扩展数据接入范围，加快同源维护工具实用化，建立电网资源业务中台服务运营机制，开展配电网图模、台账等基础数据治理，落实设备主人和数据主人制度，利用专项治理、专项督办等方式，以用促改，确保配电网数据唯真、唯实、唯一。

（2）加快配电自动化系统建设。全面推进地市层面主站Ⅰ区系统全覆盖和系统侧可信功能建设，支撑配电网"三遥"应用全面开展；有序推动配电自动化Ⅰ区主站"地县一体化"建设，实现县域馈线自动化实用化应用；加快贯通Ⅰ区系统与调度自动化系统、集控站系统，满足源网荷储协同管理、负荷精准控制、全自动馈线自动化、负荷一键转供需求；基于主站Ⅰ区系统开发定值管理模块，实现定值在线计算、一键下装、实时召测等功能，强化配电开关定值日常管理；推进省级配电自动化Ⅳ区系统向省级配电数字化平台升级，实现全省非"三遥"设备的直采和实时数据接入，支撑配电网设备运行状态管控；开展 4G、5G 通信承载涉控业务安全论证及试点，提升开关倒闸操作实效性与安全性，提高配电网可控能力。

（3）加快推进低压配电物联网建设。按照"一台区一终端"原则，结合台区改造或集中器更换，推广新型台区智能融合终端和漏保在线监测模块建设，利用 HPLC 数据采集器实现营配数据本地深度融合；在城网台区、不具备剩余电流动作保护器安装运行的农网台区、具有新型电力系统应用的台区大力推进新型台区智能融合终端建设，在无新型电力系统应用且具备剩余电流动作保护器运行的农网台区全量推进漏电保护在线监测模块建设；推进无功补偿装置、剩余电流动作保护器、断路器等低压设备标准化接入，满足低压配电网可观、可测、可控。

（4）加强配电网信息防护体系建设。坚持"安全分区、网络专用、横向隔离、纵向认证"总体原则，深化"一防入侵终端、二防入侵主站、三防入侵一区、四防入侵主网"的新一代配电自动化系统梯级防护体系建设。大力推进配电自动化网络安全监测平台建设，基于主动诱捕、态势感知等安全技术，形成配电自动化系统"主动＋被动"的智能防御模式，变被动监控为主动防御。

（5）深化供电服务指挥体系建设。加快推进数字化供电服务指挥平台建设，完成主动运维、主动检修、主动抢修等功能模块部署；结合县公司流动红旗评价工作，加大工单驱动业务推广力度，推广"设备状况＋工单驱动＋指标评价"方式，推动实现"业务工单化、工单价值化、价值绩效化"；结合配电自动化建设应用，做实配电自动化运维班，强化班组人员技术技能水平；按照"贴近设备、贴近一线、贴近基层"的原则，全面开展区（县）级供电服务指挥分中心建设。

3.7　云　南　省

3.7.1　"十四五"发展规划

围绕南网提出到 2025 年，南网基本建成安全、可靠、绿色、高效的智能电网，电网数字化转型、智能化提升明显，粤港澳大湾区、海南全省以及西部省区省会城市智能电网建设成效显著的要求。为建设灵活可靠的配电网，构建"灵活可靠、可观可控、开放兼容、经济适用"为关键特征的智能配电网，加强配电自动化、智能配电房、智能台区、装备智能化的建设，因地制宜推广应用微电网、主动配电网，全面提升配电网装备水平和智能化水平，实现配电网可观、可控，满足社会生产和生活智慧用能需求，提高电网供电可靠性、电能质量和服务水平。

3.7.2 建设现状

云南电网于2019年起全面加快智能配电网建设，实现大部分配电网线路配电自动化有效覆盖，积极采用智能配电站、智能开关站和台架变智能台区等智能化设备，提升云南配电网智能化水平。

云南电网的主要建设和应用情况：

(1) 加强配电自动化建设，配电自动化主站建设情况：截至2021年年底，全省16家供电局均已完成配电自动化主站系统建设。全省配电自动化主站系统共涉及东方电子、南瑞科技、积成电子、南瑞继保4个厂家，云南电网暂未建设配电自动化省级主站。配电网及终端建设情况：截至2021年年底，云南电网配电10kV公用线路共计9877条，排除线路半径较短、供电户数较少等特殊线路后需有效覆盖线路数8413条，实现有效覆盖线路数5555条，配电自动化有效覆盖率66.03%。全省10kV公用线路具备联络条件线路总数6961条，线路联络率70.48%，可转供电线路总数5939条，可转供电率60.13%。全省已接入并投运配电自动化终端35844台，其中1570台DTU（"三遥"），24573台FTU（"三遥"），9701台故障指示器（"一遥"），终端投运率100%。通信方式以无线公网为主，其中基于4G的无线公网通信终端34909台，占比97.39%，光纤通信终端935台，占比2.61%。

(2) 全面提升配电自动化实用化水平，云南电网有限责任公司在承接落实南网《关于印发南方电网公司配电网自动化实用化工作推进方案的通知》的基础上，结合云南电网自身情况和特点，深入分析现状，剖析问题，坚持问题导向、目标导向和结果导向，有效提升公司配电自动化实用化水平，截至2021年年底，云南电网配电自动化关键指标终端在线率95.97%、终端投运率100%、遥控成功率96.91%、百台遥控次数234.3次、故障隔离准确率95.35%。同时在配电自动化自愈应用方面全省累计投入自愈线路1401条，累计自愈成功动作104次，减少中压停电时户数1.78万。

(3) 加快智能配电房、智能台区、智能微网等智能化设备建设，云南电网有限责任公司通制定"十四五"配电网规划结合南网智能配电V3.0标准设计，逐步加快智能配电房、智能台区、智能微电网等智能化设备建设和应用。①智能配电房方面：截至2021年年底，云南电网有限责任公司已经在迪庆维西县、昆明呈贡区开展了智能配电房的试点应用，通过配电房设备设施和环境等必要状态量的采集，提升配电网运维效率，提高配电网智能化水平；②智能台区方面：云南电网有限责任公司在"十四五"期间预计试点建设3013个智能台区，通过低压总开关、分支开关电气量的采集，实现台区低压部分的可观可测；③智能微电网方面：在"十四五"期间预计开展3个农村微电网，分别为昆明市安宁市温泉镇、红河州建水县西庄镇、文山壮族苗族自治州丘北县腻脚彝族乡；3个综合能源示范村，分别为昆明市嵩明县小街镇小街村、曲靖市马龙区月望乡深沟村、红河州红河县阿扎河乡过者村；以及昆明空港保税区"光储充"一体化综合能源示范站等微电网工程；独龙江 20kV 并网型等偏远农村微电网工程，多模式供电解决方案，满足偏远地区供电、城市高可靠性供电等需求，提升配电网柔性化水平，提高配电网灵活性及适应性。云南电网在"十四五"期间暂未涉及智能开关站建设。

结合云南电网实际，云南电网配电自动化建设以"电缆线路采用集中控制型、架空线路采用就地重合式"模式为主。其中配电架空线路配置原则：配电架空线路主要采用就地重合式建设模式，配置原则为主干投逻辑、分支投保护、联络开关宜退出，即主干线配置电压—时间逻辑配合，分支线首端配电自动化开关投入过流Ⅰ段保护与变电站出线断路器过流Ⅰ段保护形成级差配合，联络开关退出自动转供电功能（单侧失压延时合闸功能，在网架结构满足转供电要求的情况下也可投入自动转供电功能实现就地自愈）及保护功能但保留远方遥控转供电功能。配电电缆线路配置原则：配电电缆线路主要采用集中控制型建设模式，配置原则为主干线投集中型，分支线投保护。配电自动化建设模式及设备选型见表 3.3。

表 3.3　　　　　　　　　　　　配电自动化建设模式及设备选型

供 电 区 域		建 设 模 式	通 信	设 备 选 型
中心城市（区）	A+、A	1. 电缆线路采用集中控制型。 2. 架空线路优先采用集中控制型，在规划期内不具备通信条件或其他需要时，可采用就地重合式。 3. 站内出口开关级差配合条件允许的情况下，配置断路器的线路可采用级差保护式。 4. 对于省会、主要城市及云南电网名片城市符合典型接线的线路，在具备可靠、安全的通信条件时，可采用就地控制型智能分布式	1. 采用集中控制型或就地重合式配电自动化区域，具备光纤通信条件的，采用光纤通信方式，不具备的采用无线通信方式。 2. 采用智能分布式配电自动化的区域，新建电缆线路的"三遥"终端应采用光纤通信方式	关键分段开关、重要分支开关、可进行负荷转供的典型接线组内联络开关按照以下原则选型： 1. 架空线路采用 10kV 真空柱上断路器自动化成套设备。 2. 电缆线路采用 10kV 断路器自动化成套柜（户外开关箱）
城镇地区	B、C	1. 电缆线路优先采用集中控制型，在规划期内不具备通信条件或其他需要时，可采用就地重合式。 2. 架空线路优先采用就地重合式，通信通道满足遥控要求时，可采用集中控制型。 3. 站内出口开关级差配合条件允许的情况下，配置断路器的线路可采用级差保护式		
乡村地区	D、E	1. 采用就地重合式。 2. 站内出口开关级差配合条件允许的情况下，配置断路器的线路可采用级差保护式	采用无线通信方式	

3.7.3　现存问题

主要存在问题有：

（1）配电网网架不完善。配电网联络率及可转供电率有待进一步提升；中压配电网单辐射供电线路存量大，可转供电率不高，在源头上制约了云南电网智能配电网的应用效果。

（2）新型电力系统建设技术储备不足。云南电网伴随大量分布式能源在 10kV 侧和 400V 侧并网，已经对配电自动化正常运行造成影响，现在相关的技术研究和设备未能适应分布式新能源大规模接入中低压配电网。

（3）部分智能配电网应用效果不明显，本地优化不足。云南电网相较于沿海先进地区在智能配电网建设投资方面落后的大环境下，在智能配电房、智能台区和智能微电网方面的试点应用效果不明显，未深入结合自身的情况和特点对智能配电网新技术进行本地优化。

3.7.4　提升建议

（1）云南电网应持续加大配电网网架投资，完善配电网网架结构，提高可转供电率，为后期大量分布式新能源接入打好基础，未来云南省智能配电网运行控制和关键设备产品将在新型电力系统发展下面临挑战，云南电网在高比例分布式电源及多种能源并存、多元化负荷增加等变化形势下，在配电网电力系统保护适应性研究、配电网电能质量控制研究、分布式电源接入下配电自动化适应性研究等方面有较大需求。

（2）在配电网自动化建设方面，开展下一代配电自动化建设模式和一体化电网运行智能系统推广，开展分布式电源功率预测、柔性负荷预测、可调度容量分析、协调控制策略优化等功能应用研究，坚持配用电业务需求和性能指标大数据体系构建等。在推进微电网建设方面，开展储能装置在微电网中的应用研究及试点和微电网中央控制器研究及试点。

（3）在提升配电网装备水平方面，全面推进配电网装备标准化配置，推广电力智能化设备；推行设备技术的功能模块化和标准化。在配电网柔性化建设方面，研究分布式电源、储能及多元负荷的综合控制，形成源网荷全局优化主动配电网；智能化开关全覆盖和配电网无功电压自动化控制工作等。

新型电力系统下智能配电网技术应用成果

4.1 技 术 成 果

成果案例1：配电网智能运行关键技术研究及推广应用

1. 背景

广东地处粤港澳大湾区，配电网直接服务末端用户，既面向对供电可靠性要求很高的高端制造、科技创新、金融服务等高端用户，又面临高质量的供电服务要求。在立项之初，受限于生产、营销、计量等业务系统独立建设、缺乏有机协同，广东配电网存在明显信息孤岛，运行管控和多专业协同能力严重不足；此外，广东配电网处于极端天气高发地区，但缺乏有效的风险感知和极端天气应对能力，系统安全运行与管理集约化面临巨大挑战，本项目重点研究并解决以下三方面问题：

（1）业务系统信息孤岛问题严重。平台标准化开放性差，模型、参数、运行数据统一管理与运维缺失。无法实现调度、运行、营销、客服等业务流程贯通，配电网的综合运行态势、风险和故障等无法有效感知，配电网运行与管理工作效率极低。

（2）运行风险感知与防控能力差。海量接入的分布式可再生能源随机性强，主配电网协同运行机理复杂，台风、雷暴等极端灾害频发，对配电网安全运行造成严重威胁，而现有防控手段主要依赖人工决策，难以应对强随机、快变化的配电网运行新形势。

（3）运行策略实施过度依赖人工。调度操作执行各环节占用调度员大量精力，其主要依靠电话语音下令至现场操作，在应对极端事件和多重故障时，现场等待问题突出，执行过程全量信息滞留在调度节点，全链条执行过程透明度不高，配电网运行调度智能化水平和执行效率低下。

面对上述问题，本项目突破技术体系架构、风险感知决策和调度智能操作技术瓶颈，大幅提升配电网运行分析、风险故障处理和智能协同管理能力，是实现粤港澳地区的长期繁荣稳定发展的重大需求，该项目具有重大的经济价值和社会效益。

获奖：2022年度电力科技创新大奖。

完成单位：南方电网广东电网有限责任公司电力调度控制中心，天津大学，中国南方电网电力调度控制中心，烟台海颐软件股份有限公司，东方电子股份有限公司，国电南瑞南京控制系统有限公司，积成电子股份有限公司。

完成人：卢建刚、赵瑞锋、贾宏杰、周华锋、郭文鑫、侯恺、余志文、黎皓彬、吴龙腾、崔丽华、何锡祺、李波、吴树鸿、潘凯岩、谭勇桂。

2. 成果简介

团队历时十余年联合攻关，在技术体系架构、风险感知决策和调度智能操作等方面取得重大突破，建成了"省地业务融合贯通、风险防控及时精准、调度操作高效准确"的配电网智能运行系统，性能指标全面优于国内外同类系统，核心技术在我国省地电网得到大规模应用。

本成果获得授权发明专利 31 项，实用新型 8 项，软件著作权 10 项，发表论文 70 篇（其中 SCI/EI 42 篇），形成行标 2 项。以程时杰和饶宏院士等专家组成的鉴定委员会一致认为该成果整体达到国际领先水平。

成果已在南网全域、国网 100 多个地区电网推广应用，并出口至印度、印度尼西亚等"一带一路"国家。技术指标优于国内外同类产品：故障信息跨专业传递平均用时由 21min 下降为 3min；转供方案生成时间由平均 30min 降至 1min 内，告警信息压缩至原有的 1%，事故推理正确率达 99%；智能拟票和执行校核时间从每单约 15min 下降到秒级，调度操作效率提升 30% 以上。成果在广东全省率先整体应用后，大幅提升了系统可靠性，广东 6 个城市进入全国供电可靠性前十行列；天鸽、山竹两次超强台风过境广东，创造了损失最小、复电最快纪录。近三年在产品销售、降损增效等方面产生效益 46.7 亿元，经济效益和社会效益显著，推广前景广阔。

3. 主要创新点

（1）提出了省地一体化超大规模配电网智能运行技术体系，实现了省地两级、跨领域配电网业务数据和应用的融合贯通；研发了多维 KPI 体系和"一站式"配电网运行驾驶舱，提升了配电网的运行管理效率。

1）提出了基于云边融合的配电网智能运行技术架构体系，如图 4.1 所示，实现省地两级、跨领域配电网业务数据和应用的融合贯通，采用省地两级模式部署，实现省侧融合，有效发挥边缘计算优势。省侧配电网运行管理技术支持平台实现全省统一业务建模、故障流转、配调指挥、故障抢修、驾驶舱等标准化应用，完成横向协同与纵向交互，地市边缘侧实现基于多数据源的分布式故障分析与诊断，形成省地两级协同运作的云边融合新模式。实际应用表明：减少省级业务数据存储 95%，故障推理与智能诊断速度提升 5 倍以上，故障信息研判及传递平均用时从 21min 下降为 3min。

2）提出可扩展的全景建模技术和并行数据检索技术，构建了配电网运行管理数据中心，建立了"网-站-线-变-户"全景数据模型，解决分散且相对不固定的业务数据统一建模和编码的难题，实现跨系统的数据、服务集成和全局共享，解决了配电网运行管理数据孤岛问题。实际应用表明：能够有效满足配电网运行态势感知、故障诊断、协同管理等对模型和数据的要求。

3）提出了多维电网运行管理 KPI 指标，采用 Z-Score 模型进行了数据敏感性分析，实现了基于流计算的海量数据并行检索与数据价值链挖掘。构建了基于多维可视化交互技术的多主题、可定制、多时态、分层分区 KPI 的配电网运行全景视图，解决了各专业、各层级系统中的海量数据中快速准确把握配电网运行完整态势的问题，大幅提升运行人员信息感知和异常辨识水平。实际应用表明：管理驾驶舱在线实时计算配电网运行与管理关键 KPI 指标 154 项，能够有效全面地反映配电网运行态势，实现配电网运行管理"一张图看全网"，彻底解决盲调问题。

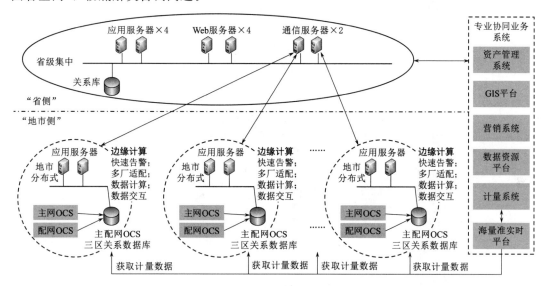

图 4.1　基于云边融合的配电网智能运行技术架构体系

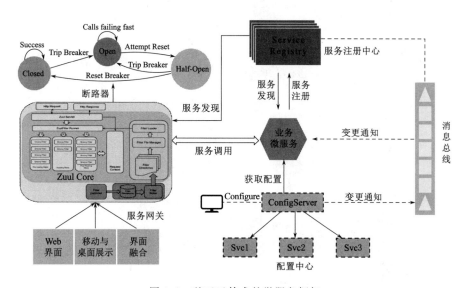

图 4.2　基于云技术的微服务框架

（2）提出了配电网运行风险与极端灾害韧性统一评估方法，研发了数据驱动的配电网风险感知决策技术，实现了设备异常监测、风险状态评估、故障智能诊断和转供电方案智能生成，提升了配电网的运行分析和决策水平。

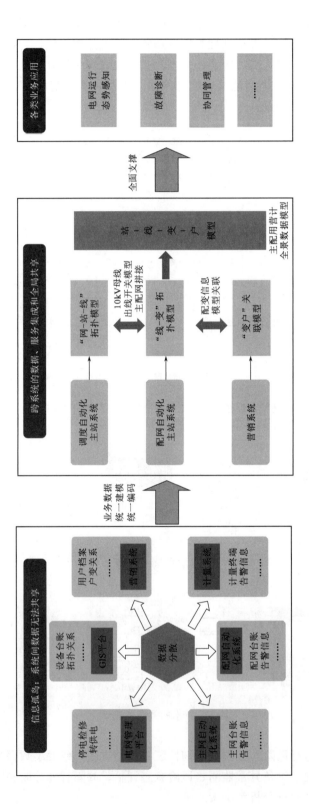

图 4.3 主配用营计全景数据模型图

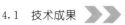

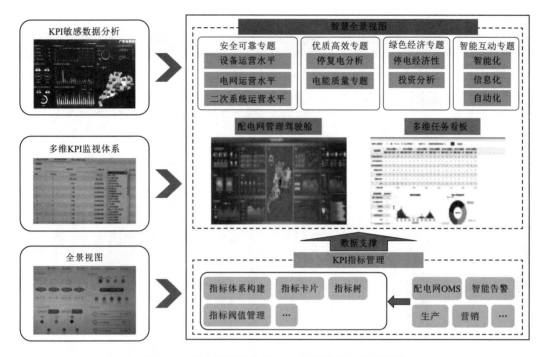

图 4.4　配电网运行多维 KPI 监视体系和全景视图

1）一体化智能告警（图 4.5）和故障智能诊断（图 4.6）技术研究。提出了基于人工智能和基准信号的告警规则库自动生成技术，研发了基于主配用营计等全景信息的一体化智能告警功能，通过对海量无规律信号进行过滤、压缩、分析、综合并在此基础上形成智能告警专家库，解决了告警规则通用性差的问题，实现了告警规则与支撑平台功能的解耦。提出了基于多数据源、多类型故障信息集成分析诊断的方法，建立了连锁故障分析推理模型，实现了基于人工智能的分布式配电网故障在线智能诊断，结合态势感知综合分析配电网设备故障间关系，智能合并关联故障，通过上下游设备故障相互校验准确性。实际应用表明：配电网故障能够快速、准确地在线实时识别，精准定位故障发生位置，故障诊断精确度高、可靠性高。压缩后的有效信息仅为原来的 1％，压缩率达 99％，事故推理正确率达到99.9％以上。

2）极端灾害影响下的配电网韧性评估与精准提升技术（图 4.7）。提出了涉及台风等多类型极端灾害的配电网设备故障概率建模方法，提出了基于影响增量复用的极端灾害影响下的配电网韧性评估技术，提出了与基于韧性指标拆分的设备级韧性指标计算方法，实现了极端灾害下的配电网韧性薄弱环节准确定位，可指导精准提升策略的有效制定。韧性评估与薄弱环节定位正确率达 99.9％以上，减少了故障定位时间，解决了在台风、雷暴等重大自然灾害下配电网故障快速分析与故障处理不及时的难题。

3）配电网区域转供电技术研究。研究区域配电网转供规则，建立了考虑用户特性、负荷、气象等多因素的区域转供规则知识库模型，提出了基于深度学习算法的区域配电网转供电能力分析方法，实现了大面积停电、风险辨识与定级、电网薄弱环节识别等主要场景

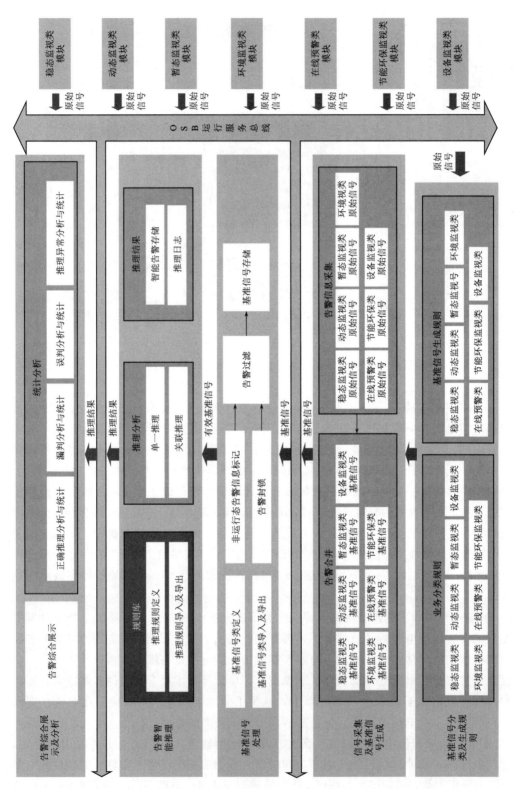

图 4.5 一体化智能告警

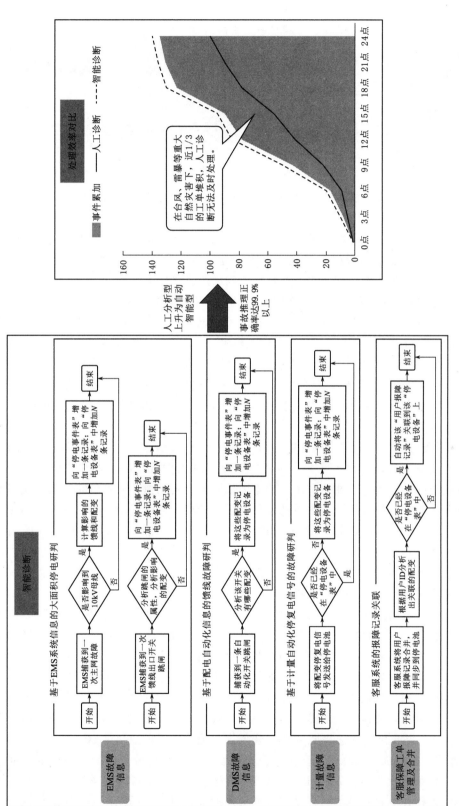

图 4.6 故障智能诊断

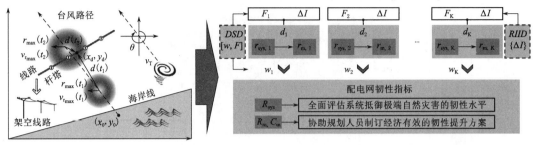

图 4.7　极端灾害影响下的配电网韧性评估与精准提升技术

的一键式配电网应急转供电预案生成，实现了传统运行方式管理方式向人工智能方式的转变，提升了配电网智能辅助分析决策能力。实际应用表明：通过配电网辅助分析决策功能，配电网运行方式调整的智能转供方案生成时间由小时级提升至秒级。

4）网架诊断师技术研究，其模型如图 4.9 所示。建立多源数据融合与关联分析的配网线路运行水平评价及供电能力分析模型，提出了供电线路在不同约束条件下的供电能力计算模型和配网薄弱环节评估方法，采用层次分析法，实现在动态网架构下的配电网线路供电能力和运行水平的评价，该技术应用于配网运行管理、配电运行方式、配网规划辅助支持等场景，可智能诊断评估配网供电能力和自动化水平，并对区域中所有可能发生故障的点定位及故障发生后评估对负荷持续供电的能力，每千条配网线路分析时长不超过 1min，自动识别网架异常并发布。

5）研究了配电网设备异常管控分析技术，如图 4.10 所示。提出了基于聚类算法的配电网设备异常监测方法，研发了配变多维智能刻画和基于大数据的终端在线监测分析功能，实现配变负载、电压、三相不平衡、功率因数等多维度画像，实时诊断识别在线率低的终端，基于大数据分析支撑设备供应商评价和设备选型。实际应用表明：在近三年春节检测重过载配变 3497 台，做到了 0 配变重过载烧毁，满足了用户对追求美好生活的用电需求，终端在线率达到 99.05％。

（3）研发了具备自学习能力的操作票成票技术和程序化下令技术、检修全过程展示及复盘技术，实现了运行管理决策全链条高效执行。

1）基于省地一体化业务的配网抢修协同管理技术研究。融合了 95598 客服报障、班组报障、调度报障、故障抢修、计划停电、客户欠费等建设了配电网停电信息池，研发了报障、研判、派工、抢修、复电的配电网抢修全流程监控体系（图 4.12），实现了停电池与客户报障关联研判、WebGIS 停电展示及地理位置研判、配变数据召测研判、终端告警主动研判、实时动态故障最优复电路径分析等功能，高效协同营销、生产、GIS 及现场作业各环节信息及资源，快速实现故障抢修。平台运行以来，发出配电网抢修相关短信通知 1258.49 万多条，提升抢修效率超过 40％，降低客户抢修类投诉量超过 50％。

2）操作票的智能成票技术研究。基于模式识别理论，采用分层机制，建设智能推理机，实现命令票智能成票。首先，研究将调度任务进行高层智能推理并进行分解，直至分解为最基本的操作任务；然后，研究低层智能推理过程，对各项操作任务分别进行推理，

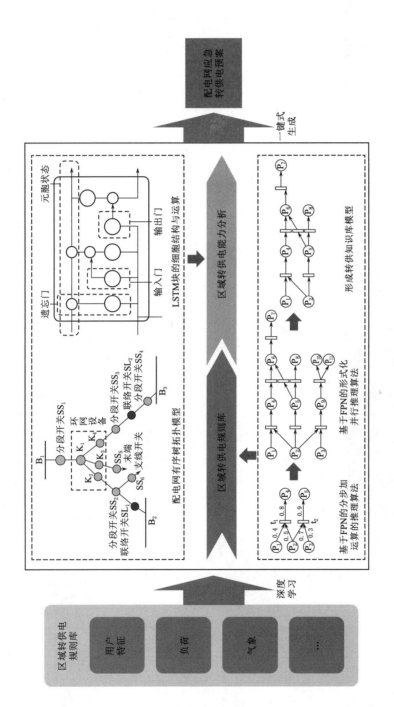

图 4.8　配电网辅助分析决策技术模型

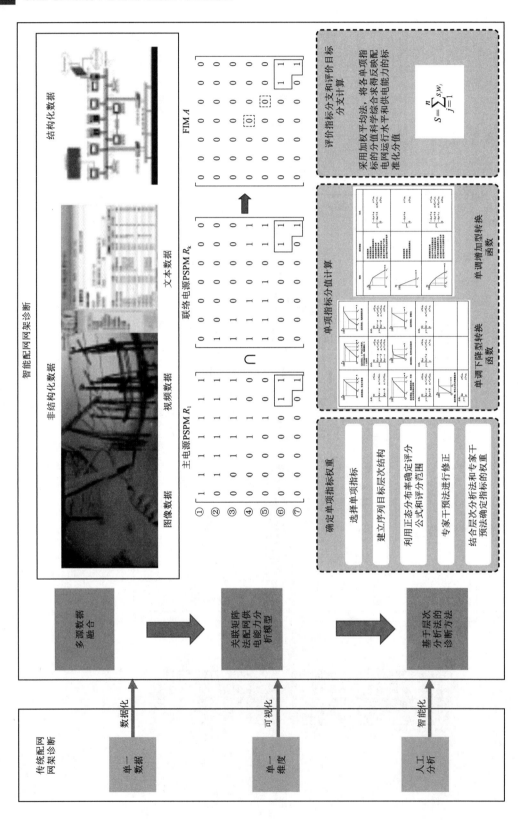

图 4.9 网架诊断师模型

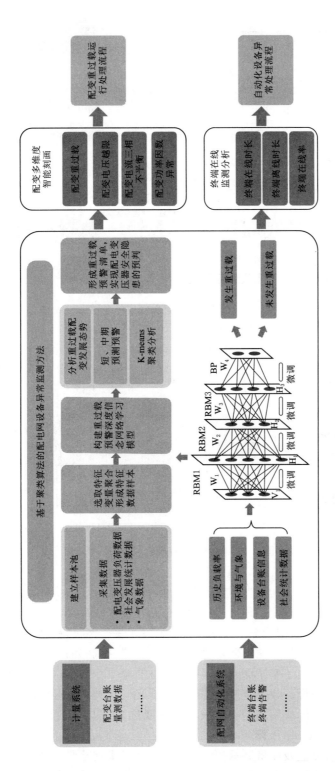

图 4.10 配电网设备异常管控分析

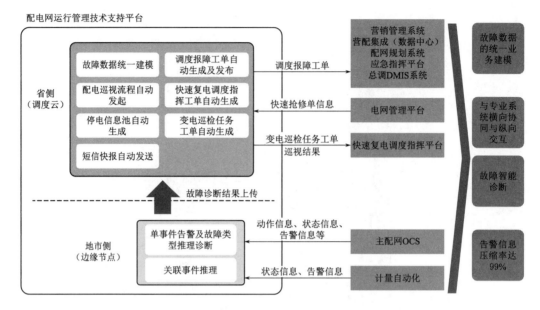

图 4.11　基于云边融合架构的故障流转

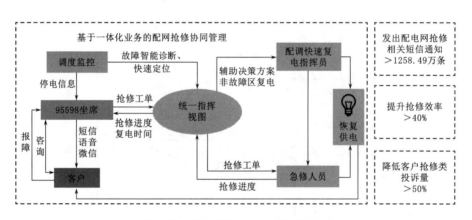

图 4.12　配电网抢修全流程监控体系

实现同类操作任务的合并，利用操作任务规则推理出需要操作的实际设备对象集合，根据操作约束规则和操作选择规则推理出实际的操作顺序，完成命令票的智能成票。

3）程序化自动下令及智能操作技术研究。研发了基于声纹特征的人员资质认证功能，实现对现场受令人员身份的智能认证，提出了命令票设备状态的双校核机制，实现设备状态核对的自动化。并提出了基于深度学习的程序化自动下令与确认方法，解决调度操作机器人的下令、确认、复诵、收令全过程自动化的难题，实现调度操作过程由人工方式向机器自动执行的转变。实际应用表明：解放配网调度员 30％以上的操作量，在设备状态校核等方面的耗时从约 10min 下降到秒级。

（4）检修全过程复盘及航班展示技术研究。设计了配网检修停电、许可、终结和复电工作全过程海量数据构建挖掘算法，对检修操作相关业务环节的复盘透视，发现配电网检

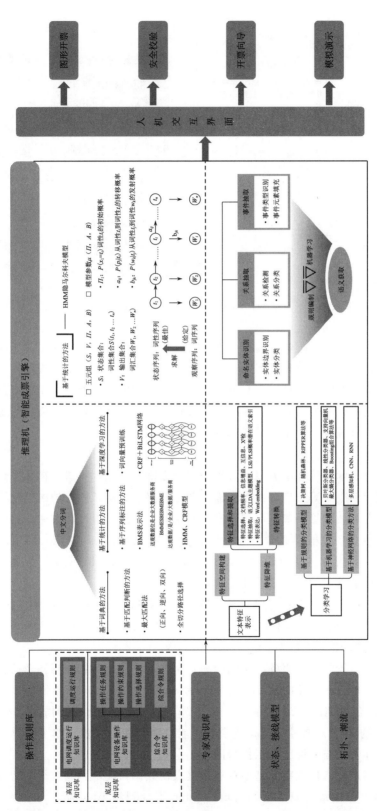

图4.13 基于模式识别理论及推理机智能成票

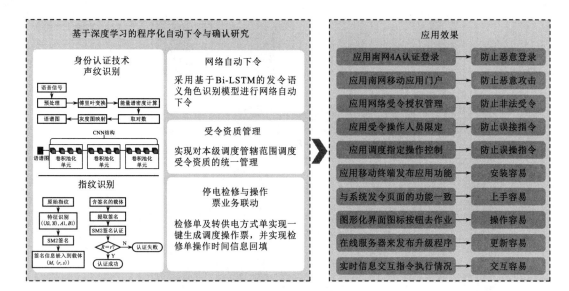

图 4.14　基于深度学习的程序化自动下令与确认方法

修过程中存在的问题，实现了配电网检修工作规范化操作管理。因此研究了基于配调实时工作任务及计划工作的多维度分析技术，提出了基于任务与人力资源平衡控制的最大似然算法，开发配电网检修等业务航班展示数据看板，解决了配电网检修过程中配电网调度与现场运维之间人力资源错配的问题，实现检修全过程运转短板智能透视与闭环管控，配电网调度端与现场端全过程操作效率提升了 30% 以上。

4. 实施应用情况

配电网智能运行技术系统在南方电网各省公司全面推广应用，省级一体化平台推广到江苏电网，配电网辅助决策等推广到山东青岛、浙江嘉兴、湖南长沙等地区电网，配电网数据融合、智能告警和故障诊断等推广到国家电网 100 多个地区电网，并一步推广到印度和印度尼西亚等国家。系统能够高效、准确地提供配网风险评估、故障、网架、调度决策、抢修、事故事件等信息，得到调度、规划、市场、安监和客服等多方专业人员的认可，已在应用中取得了重大的社会效益和经济效益：

（1）实现调度、生产、营销和规划等专业技术支持系统互通和融合：正式投运以来，纵向接口交互 986.58 万余次，其中省地 204.75 万余次；横向接口交互 2733.09 万余次，季度平均业务运行数达 10 万次以上。

（2）提升了生产运行与客户服务的协同能力：实现配电网故障智能感知及信息自动流转，故障诊断及信息传递平均用时从 21min 下降为 3min，2017—2021 年传递报障单共计27.57 万余张。天鸽台风期间：2017 年 8 月 23—27 日，平台共记录配网故障 4879 条次，其中，3803 条次（约 78%）通过智能故障诊断功能自动判断，有效支撑了天鸽、山竹等台风期间配电网调度、抢修和客服的工作协同。

（3）提升配电网调度指挥效率和基层现场运维操作效率：配电网调度指令智能生成占拟票全业务 95% 以上，拟票时间从平均每单约 5min 下降到约 10s，近 3 年拟票 75 万余份，节省调度员拟票业务耗时约 6 万 h。全省年均基于程序化自动下令及智能操作完成 80 万余项操作，减少现场与调度台电话交互 160 余万通，解放了配电网调度员 70％ 以上的操作量。

（4）提升了配电网故障处理效率：分布式智能故障诊断系统实时接入主配电网 OCS、计量自动化等系统的实时告警信息，实现告警及故障推理诊断，使调度告警信息处理由"人工分析型"上升为"自动智能型"。

（5）提升配电网设备异常管控：实现配电网线路、配电变压器等设备异常管控，近 3 年春节检出重过载配电变压器 3497 台，做到了 0 配电变压器重过载烧毁，满足了用户对追求美好生活的用电需求。

5. 社会效益与间接经济效益

（1）提升了配电网安全运行水平，满足人民追求美好生活的电力需求。实现配网设备异常管控，从用上电到用好电的理念转变，提升电网企业社会责任担当。

（2）提升配电网供电可靠性，支持打造国际一流湾区。实现以配电网停电管理和故障快速复电为核心的多专业信息传递和业务联动，配电网调度、故障抢修与客户服务高效协同，缩短故障报障传递时间。

（3）大幅降低运维人员应急抢修压力，切实为基层减负：提升了在恶劣天气下调度应急风险感知、任务处置、指挥协调能力。

（4）全面提升配电网感知与运行管理水平，实现全省齐步走：云边融合的体系架构为广东电网配调集约化管理提供了技术平台，珠三角先进供电局带动粤北等落后供电局，提升全省配电网整体运行管理水平。

（5）提高配电网新技术应用，提升"中国制造"科技含金量：研发了具有自主知识产权的配电网智能运行系统，提升了我国电网调度自动化产品的国际竞争力。

成果案例 2：配电网分布式纵联保护与故障恢复技术及应用

1. 背景

统计数据表明，超过 85％ 以上的停电事故是由配电网故障引起的，配电网继电保护对故障的处置能力亟待提高。高比例分布式发电的接入使配电网保护及自动化面临更严峻的挑战，主要问题如下：

传统辐射性配电网主要采用三段式电流保护原理，变电站出线保护与下游各级保护之间利用定值和时限来保证选择性，整定配合复杂，易发生越级跳闸。在 DG 高度渗透的有源配电网中，受 DG 类型、控制策略等因素的影响，潮流和故障电流双向流动，且在幅值和相位上存在较大的不确定性，导致电流保护的选择性严重恶化，整定配合更加困难，更易引发大面积停电事故的发生。

馈线自动化主要采用集中式故障自愈控制模式，主站通过收集来自终端的过流信息并结合网络拓扑实施故障定位、隔离以及非故障区段的供电恢复，存在故障初期停电范围大、故障恢复时间长（几分钟至几十分钟）、对主站依赖性强等缺点。在有源配电网中，由于故障点上、下游均有电流流过，基于过流检测原理的故障区段定位方法失效，进而无法完成故障隔离和恢复。

以电流差动为代表的纵联保护具有绝对选择性，是解决传统电流保护和馈线自动化中故障定位问题的最佳选择；分布式控制具有运行灵活、处理速度快的特点，可用来解决有源配电网快速故障恢复问题；而要在配电网中实现差动保护和分布式恢复，需要在工程上解决数据同步和终端之间实时对等通信问题。

现有配电终端的功能仅限于"三遥"和简单的过流保护，亟需研制具备纵联保护和分布式故障恢复功能的新型智能终端，以适应分布式电源的高比例接入。

获奖：2022 年度电力科技创新奖一等奖。

完成单位：国网山东省电力公司莱芜供电公司，山东大学，山东科汇电力自动化股份有限公司，国网山东省电力公司枣庄供电公司。

完成人：王宁、高厚磊、罗健、郭帅、张磊、闫耀双、隗笑、侯莉媛、马帅、成晓君、倪广魁、李燕、张富饶、王琨、吴峰、陈恒。

2. 成果简介

针对高渗透率有源配电网面临的继电保护和故障自愈难题，项目围绕有源配电网新型纵联保护原理、分布式故障恢复方案、故障数据同步方法以及基于 5G 通信的纵联保护研发四个方面持续开展研究，通过理论创新、装置研制和推广应用，为有源配电网提供实用化保护与故障自愈解决方案。项目团队在"863 计划"课题、国家自然科学基金等项目支持下，取得以下关键技术：

（1）有源配电网新型纵联保护系列原理。针对传统配电网保护无法有效应对高渗透率分布式电源接入的问题，提出正序故障分量电流差动、综合电流幅值比较、正序阻抗差动等系列新型纵联保护原理，适用于不同类型 DG 以不同渗透率接入配电网时故障区段的准确定位和快速切除，解决了传统单端量电流保护面临的选择性难题。

（2）有源配电网分布式故障恢复技术。针对集中式馈线自动化在定位方法、恢复时间、控制模式上存在的问题，采用终端对等通信，提出基于网络拓扑自动识别与存储、供需负荷实时计算和分布式电源分类管控的分布式故障恢复策略，实现了配电终端自主控制的失电区域快速供电恢复。

（3）基于故障时刻的配电网差动保护数据自同步技术。针对传统数据同步方法难以在配电网广泛应用问题，首创以故障时刻为基准的故障数据同步方法，具有不依赖外部时钟、无需通道来回时延一致、实现简单等优点，适用于光纤网络或 5G 通道。提出基于电流突变量曲线拟合的故障时刻精确检测方法，故障时刻自同步误差小于 3°，满足配电网差动保护工程化应用要求。

（4）支持 5G/光纤通信的系列配电终端装置的研发及应用。研制系列智能配电终端装置，支持基于 5G 切片网络或光纤以太网对等通信，实现了所提纵联保护原理和分布式故障恢复功能，破解了纵联保护与分布式故障自愈技术在配电网应用的"最后一公里"难题。

项目授权发明专利 18 项。项目成果已在国网山东省电力公司莱芜、枣庄等地市公司推广应用。应用项目成果建成的国内最大规模 5G＋智能电网在央视新闻频道播出，受到业界极大关注。所研制的智能终端已产业化生产，在电力、石化、钢铁等行业应用，近两年经济效益总额 2.62 亿元。项目成果推动了有源配电网二次保护设备和自动化装置的技术变革，降低了故障后分布式电源脱网率，促进了以新能源为主体的新型电力系统建设，

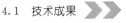

助力"双碳"目标的实现。

3. 主要创新点

(1) 针对传统三段式电流保护存在的问题，提出了正序故障分量差动、综合电流幅值比较、正序阻抗差动等新型纵联保护系列原理，适用于不同类型 DG 以不同渗透率接入配电网时故障区段的快速定位和隔离，解决了传统配电网保护面临的选择性难题。

1) 正序故障分量电流差动纵联保护。以被保护区段两端正序故障分量电流构成比率制动差动判据；引入电压辅助判据应对不可测负荷分支带来的影响。该原理能够反应所有相间故障，不受负荷电流影响，对网络结构、DG 类型和渗透率适应性强；相对于分相差动，可有效降低交换的信息量。该原理要求区段两端数据同步。

2) 综合电流幅值比较式纵联保护。保护判据前三式为分相电流幅值比较，后一式为正序故障分量幅值比较。判据采用比率制动形式，兼顾灵敏性和可靠性，对不同负荷电流和过渡电阻具有较强的适应性。该原理仅利用电流的幅值信息，实现简单，同步要求低，适用于单侧电源供电和逆变类 DG 并网的配电网。

3) 正序阻抗差动纵联保护。定义被保护区段两侧正序电压与电流的比值为正序阻抗，正常运行或区外故障时，两端正序阻抗的和反映被保护线路的正序阻抗，内部故障时该阻抗和显著增大，由此建立正序阻抗差动判据：

$|Z_1^+ + Z_2^+ - Z_{ll}| > Z_{set}$。该原理不受保护背侧电源特性影响，对 DG 类型和渗透率具有较强的适应性，允许较大过渡电阻，不要求数据严格同步。

(2) 针对传统集中式故障恢复方法存在的问题，建立了基于动态拓扑信息自动识别、供需负荷实时计算和 DG 分类管控的分布式故障恢复方案，实现了由配电终端自主控制的失电区域快速供电恢复，故障恢复时间从分钟级降为 500ms 以下，并能充分发挥分布式电源的供电能力，降低了脱网率。

基于终端之间的对等通信，采取以下技术手段实现分布式故障恢复：

1) 分布式动态拓扑信息自动识别和存储。正常运行过程中，网络中的智能终端（STU）根据自身配置的相邻信息和上下游之间的接力查询，获取当前网络拓扑信息，生成动态网络拓扑信息表并分布存储到 STU 中，为下一步故障恢复建立基础。

2) 基于供需负荷实时计算的供电恢复查询。故障区段隔离成功并将消息传递至联络开关处 STU 后，其向相邻装置发送自身的可用余量信息，相邻装置根据自身负荷量决定是否可被该联络开关恢复。确认可被恢复后，该装置更新联络开关可用余量，向其相邻装置转发，以此类推；查询结束后联络开关闭合，完成供电恢复。

3) 分布式电源分类管控。恢复查询过程中，对于允许孤岛运行的 DG，使其在失去与主电源联系后转入孤岛运行状态，以维持当地负荷。对于不可孤岛运行但具有低电压穿越能力的 DG，故障后进行低电压穿越过程监测，如该 DG 在穿越成功后仍与主电源相连，则保持并网；如穿越失败则退出运行。

上述恢复方案没有主站参与，仅通过终端之间有限次的信息交换来完成，在不考虑重合闸的情况下，其恢复时间最长不超过 500ms。同时，对 DG 的分类管控能够充分发挥分布式电源的供电能力和电压支撑作用。

(3) 针对传统数据同步方法难以应用于配电网差动保护的问题，首创基于故障时刻的配电网差动保护自同步方法，不依赖卫星对时，无需通道来回时延相等，适用于光纤网络和5G通信场景，同步精度满足配电网差动保护工程化应用要求。

1）时刻自同步原理。配电线路一般较短（几百米至几公里），电磁波在上面的传播时间一般为几微秒至几十微秒。故障发生时，两端保护装置几乎同时感受到故障引起的电流突变；若两端保护装置均以电流突变时刻（近似为故障时刻）为时间起点，对故障电流进行相量计算，则可实现两端故障数据的同步测量。这种方法不需要卫星授时，不要求通道来回时延相等，仅依赖对故障信息本身的处理，实现简单；同时它不受保护安装位置和天气因素的影响，可靠性高。

2）故障时刻检测方法。自同步的误差取决于两端对故障时刻的检测精度。为消除故障初相角、非周期分量等因素对故障时刻检测的影响，提出基于电流突变量曲线拟合和基于Hankel矩阵奇异值分解的故障时刻检测方法，使故障时刻自同步误差小于一个采样间隔，6.4k采样率下不超过3°，满足差动保护对数据同步的要求。

（4）基于该项目的理论研究成果，研制出支持5G/光纤通信的系列智能配电终端装置，实现了所提纵联保护原理和分布式快速故障恢复功能，进行了工程试点和推广应用，破解了配电网差动保护与分布式故障自愈技术的实用化难题，产生重大经济和社会效益。

4. 实施应用情况

项目创新提出有源配电网新型纵联保护原理、配电网差动保护故障时刻自同步方法、有源配电网分布式故障自愈方案和基于5G通信的配电网差动保护技术，研发了系列智能配电终端，其中第三代最新智能配电终端已于2019年12月起在国网山东省电力公司莱芜、枣庄等地市供电公司所属10kV配电网线路中推广应用。迄今为止，所安装的智能配电终端均能正确可靠反应，配电网故障时纵联保护时间小于60ms，故障隔离时间小于100ms，故障恢复时间小于500ms。该成果大大缩短了故障区段定位时间和隔离恢复时间，助力两地供电可靠率分别提升至99.968%、99.953%，提高了配电网故障处理的智能化水平和供电可靠性。

山东科汇电力自动化股份有限公司采用项目技术研发的智能配电终端，已实施产业化并在山东省内外推广应用。自2018年以来，产品先后在电力、石化、钢铁等多个行业广泛应用，市场占有率领先。典型用户包括国网山东省电力公司、国网上海市电力公司、国网江苏电力有限公司、国网浙江电力有限公司、国网江西省电力公司、中国石化、魏桥集团、武汉钢铁等，技术创新性和实用效果得到了市场认可，经济效益和社会效益显著。

5. 社会效益与间接经济效益

项目成果将配电网故障隔离恢复时间从分钟级降至500ms以内，有效解决了高渗透率分布式电源接入对传统配电网继电保护与故障自愈技术带来的挑战和问题，适用于不同类型的有源和无源配电网，促进了新能源的消纳利用，提高了智能配网二次保护和自动化水平。

（1）项目成果缩短了配网保护动作时间和故障隔离恢复时间，助力莱芜、枣庄两地供电可靠率分别提升至99.968%、99.953%，应用区域内用户平均停电时间较2019年分别减少 0.46h、0.56h，更好地履行了电网公司优质服务和保供电职责，让广大电力客户更加用电无忧。

（2）项目成果减少了短时停电对敏感电力工商业客户造成的经济损失，故障隔离恢复时间降至 500ms 以内，避免因电压短时跌落造成客户生产线停机、设备重启等问题发生，减少产品损失和设备重启等造成的额外电费支出，对工农业生产和制造业产值提高起到了至关重要的作用。

（3）项目成果降低了配电网故障后光伏、风电等分布式电源脱网率，充分发挥分布式电源的出力与电压支撑能力，实现了清洁能源电能的最大化利用，极大地促进了以新能源为主体的新型电力系统建设，助力"双碳"目标实现。

（4）项目聚焦有源配电网的新型保护原理和故障自愈技术，推动了有源配电网自动化装置的技术变革，带动了国内配电网保护设备制造水平和产业化的发展进步，提升了相关技术产品的国际竞争力，具有巨大的经济效益和社会价值。

成果案例 3：交直流混合配电网安全运行关键技术与应用

1. 背景

"双碳"目标下，构建新型配电网是推动构建新型电力系统、落实国家能源转型战略的重要阵地。随着社会生活的进步和城市规模快速增长，风、光等分布式能源和新型直流负荷越来越多，交直流混合配电网可以更好地接纳分布式新能源和新型直流负荷，是推动配电网转型升级、构建以新能源为主体的新型电力系统的重要技术手段。

虽然交直流混合配电网网架灵活多变，但是高比例电力电子装置的接入对系统安全稳定运行带来严峻挑战：

（1）交直流混合配电网中各种并网变流器拓扑结构与控制策略差别较大，相互交错混联耦合，极易引发谐振失稳现象，同时大量异构设备的接入使得系统动态特性更加复杂，安全态势评估困难，故障智能决策难度大。

（2）交直流混联配电网中分布式新能源和灵活负荷占比高，电力电子化特征明显，系统响应速度快。传统集中式控制受限于通信延时等问题，紧急状态下各调控主体难以及时响应系统的调控指令，亟需设备自适应就地参与紧急调控。

（3）海量新能源接入后，交直流混联系统中的强非线性元件响应特性复杂相异，可控性差，整体协同配合困难。同时"源网储"间存在功率双向流动，功率波动大平衡难，伴随线路超载、电压越限频发，复杂安全约束下系统级协调调度难度大。亟需开展交直流混合配电网安全运行关键技术研究，在提升新能源承载能力的基础上实现安全经济供电。

获奖：2022 年度电力科技创新奖二等奖。

完成单位：国电南瑞科技股份有限公司，国网浙江省电力有限公司嘉兴供电公司，浙江大学，南京师范大学。

完成人：赵景涛、郑舒、黄堃、夏杨红、周旻、张颖媛、杨鹏程、刘韶华、刘维亮、周永智、钱伟杰、石春虎、叶舟、周三山、马刚、洪涛、徐志华。

2. 成果简介

项目针对上述交直流混合配电网安全运行问题，分析电力电子快速响应特性及交直流故障特性对系统安全运行的影响机理，攻克安全态势综合评估、装置级快速安全响应和系统级"源网荷储"安全协同调控三个关键技术，构建交直流混合配电网安全运行技术体系，研发故障保护、交直流协调控制和智能调控等关键软硬件装备，通过多场景多工况的技术验证和工程应用，最终形成可复制、可推广的含高比例分布式新能源和新型直流负载的交直流混合配电网安全运行解决方案。

项目共申请发明专利 39 项，其中已授权 21 项，发表高水平论文 41 篇［其中 SCI 论文 16 篇（包含 IEEE Transaction 顶级期刊论文 10 篇），EI 论文 14 篇、中文核心期刊论文 11 篇］，登记计算机软件著作权 7 项。经邱爱慈院士等鉴定委员专家一致认为：项目整体达到国际领先水平。

项目成果已在浙江嘉兴、浙江台州、浙江萧山、北京、江苏南京、江苏苏州、江苏连云港、上海、山东济南、宁夏等地多个交直流混合配电网工程项目中得到了应用，近三年成果销售额逾 13.4 亿元，成果的推广应用情况被 CCTV、人民网等多家媒体跟进报道，产生了良好的示范效应。项目成果有利于促进清洁能源和直流负荷的接入，实现了交直流配电网安全运行技术和装备的国际引领，为实现"双碳"目标提供强力技术支撑。

3. 主要创新点

（1）提出了交直流配电网多级安全态势综合研判技术，实现了故障多维研判、毫秒级自治决策，为设备后续快速响应奠定基础。

1）提出基于耦合评价指标的系统暂态稳定性分析方法，通过将高阶非线性系统解耦为一系列低阶二次系统从而定量估计系统吸引域，分析扰动稳定边界，揭示常见交直流故障对系统稳定性的影响与对应失稳范围。

2）考量交直流混合潮流约束、交直流电压约束和多类型设备约束，提出基于凸包络拟合的多维安全域空间建模方法，实现基于可视化安全距离系统安全分析和可靠性评估，提高安全分析效率。

依据该技术创新，研制了模块化、智能化、物联网化的中低压直流智能断路器和保护控制一体化装置，实现交直流配电网安全态势综合研判、快速故障诊断及处理、稳定控制及多级自治运行，保护动作时间小于 8ms，综合研判和故障处理时间小于 40ms。

（2）提出了交直流配电网区域自适应紧急控制策略，提升了故障下交直流设备就地快速响应能力，保障了系统高可靠供电。

交直流混合配电网多级安全运行态势综合研判技术如图 4.15 所示。

首先，针对广泛接入的分布式电源，设计基于直流电压—交流相角反下垂的分散式自治互济调控方法，并在此基础上提出了区域内电源智能分散式紧急自治策略，使得新能源等调控主体能够依据本地电气信息就地紧急支撑，避免了通信引发的延时。

其次，针对自治区域内灵活可控负荷，提出基于联络点断面记忆及区域稳定裕度可变边界约束的交直流配电网区域负荷动态自适应控制方法，实现故障离网下带最大负荷稳定运行。

最后，面对交直流区域强耦合故障，提出了基于时序控制的柔性直流配电解合环及负荷转供控制策略，实现了中低压交直流区域故障隔离、自愈及负荷转供的全过程精细化管控，控制解合环缝隙时间小于 20ms。

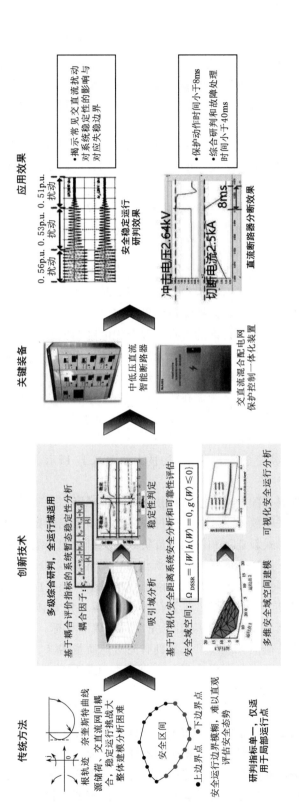

图 4.15 交直流混合配电网多级安全运行态势综合研判技术

依据该技术创新，研制了具有安全策略自主快速响应功能的交直流混合配电网紧急协调控制器，使得直流故障自愈整组时间小于100ms，交流故障自愈整组时间小于150ms。已推广应用至浙江、北京、江苏等省市多个交直流混合配电网工程，实现毫秒级主被动自适应控制，有效提升了交直流混合配电网的供电可靠性。交直流配电网区域自适应紧急控制策略如图4.16所示。

（3）提出了"源网荷储"多层级安全稳定协调调控技术，解决了新能源强不确定性和复杂机会安全约束下不同区域、多层级的交直流配电网智能调度和优化调控问题，实现了区域交直流混合配电网长时间安全运行。

首先，针对复杂高阶强非线性交直流混合配电网，提出了基于多项式逼近的高阶功率灵敏度计算方法，解决了强非线性系统中灵活资源控制有效性低的问题，算法求解时间减少93％、占用内存减少85％，提高了安全调控的有效性和针对性。

其次，针对出力大扰动下异构新能源集群，提出了考虑动态响应速度和响应能力的风光水协同补偿控制策略，解决了不同类型、不同时间尺度上的新能源出力特性匹配问题，提升了高比例新能源接入配电网后的持续稳定供电能力。

最后，面对复杂机会安全约束下的交直流混合配电网调控问题，提出了基于柔性互联网的"源网荷储"协同互济多层级安全调控策略，系统层面提高了交直流配电网对新能源的安全高效消纳能力，保证了系统的安全稳定运行。

依据该技术创新，开发了具有考虑新能源强不确定性和复杂机会安全约束的交直流智能配电网全局优化调度软件，系统综合负荷分析时间小于5s，分层潮流控制策略及日前调度优化分析时间小于3s，负荷预测精度大于80％，分布式电源发电功率预测精度大于85％。"源网荷储"多层级安全稳定协调调控技术如图4.17所示。

4．实施应用情况

项目构建的交直流混合配电网安全运行技术体系成熟度高，研发的故障保护、交直流协调控制和智能调控等关键软硬件装备，通过了多场景多工况的技术验证和工程应用，可广泛适用于含高比例分布式新能源和新型直流负载的交直流混合配电网应用场景，安全性较高。项目成果已在浙江嘉兴、浙江台州、浙江萧山、北京延庆、江苏南京、江苏苏州、江苏连云港、上海等地多个交直流混合配电网工程项目中得到了应用，近三年成果销售额逾13.4亿元，成果的推广应用情况被CCTV、人民网等多家媒体跟进报道，产生了良好的示范效应。未来项目研究成果主要应用于完成"双碳"目标，建设低碳或零碳绿色城镇，适应新能源及直流负荷的大规模接入或具有高电能质量需求、高供电可靠性需求的新城镇、新产业园区、新建大型公用设施等地区域能源互联网建设，2022年全国的总市场容量大约10亿元，市场空间巨大。

5．社会效益与间接经济效益

（1）发展新能源是助力国家实现"双碳"目标的重要技术手段，本项目研究成果可增加电网的分布式可再生能源承载能力，减少化石能源的使用，减少二氧化碳及其他污染物的排放，减少环境污染，提高全社会用能的清洁化和绿色化水平，实现节能减排和环境保护，对于国家实现"双碳"目标具有重要意义，符合国家能源转型战略，环境效益与社会效益显著。

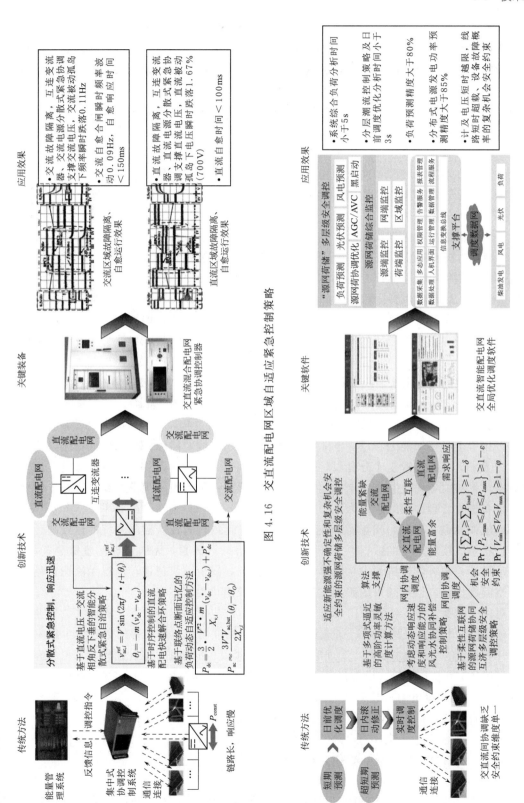

图 4.16 交直流配电网区域自适应紧急控制策略

图 4.17 "源网荷储" 多层级安全稳定协调调控技术

（2）本成果的提出为中低压交直流工程的可靠性建设和投运提供理论依据及设备支撑，发挥出交直流配电网的优势，接纳分布式电源和直流负荷，缓解城市电网站点走廊有限与负荷密度高的矛盾，提高系统安全稳定水平并降低损耗，有效提升城市配电系统的电能质量、可靠性和运行效率，填补了国内相关技术空白。

（3）本项目关键技术的研发和示范应用，有助于国家在分布式新能源、交直流协同运行与稳定控制等方面积累技术和经验，搭建技术交流与实践平台，培养相关领域的高层次技术人才，提高技术和人才储备水平。为国家出台相关政策机制提供重要依据，促进新能源产业发展，推动能源转型，并且有利于发挥技术和知识产权的效益。

成果案例 4：基于数字孪生技术的电缆系统全景运行状态感知技术研究及实践

1. 背景

近年来，随着城市化规模不断扩大，城市电网电缆化率持续攀升，高压电缆设备总量保持年均 9％的快速增长，随着地下资源愈发紧张，同通道密集敷设的情况不断增多，隧道等断面大面积停电风险始终存在。以广州供电局为例，2021 年 110kV 及以上电缆线路约 1700km，并保持年均 8％的高速增长，2025 年预计达到 3000km。设备规模的大幅增加，带来巡视、试验等运维工作量的剧增，但目前运维人员几乎零增长，运维任务高速增长和运维管控能力不足的矛盾日益突出。随着设备规模的快速增长，运维管理方面暴露出一些问题：

（1）通道数据数字化水平低。电缆线路的竣工资料仍以图纸、图表等形式保存，更新滞后，效率低下；运检大数据接入、融合处理及分析能力薄弱，随着路面、参照物等发生变化，电缆敷设的精确路径无法获取，易因外部开挖、钻探等受损，影响城市供电可靠性。

（2）运维全景感知能力不足。电缆本体监测及通道环境监测体系尚未形成，难以满足现场应用要求。监测位置也十分有限，仅在电缆终端、电缆接头附井等位置获取电缆运行状态数据，无法对电缆线路全线走廊运行环境进行感知，随着设备规模的高速增长，仅靠人力对设备进行管理的模式难以为继。

（3）电缆隧道等有限空间智能管控手段不足。隧道内现有在线监测系统的建设缺乏统一规划，各系统模块之间的数据孤立导致系统内部信息不畅通，无法合理配置监测资源、开展联动处置；现有隧道机器人功能单薄、视角固定，缺少可扩展性，巡视无法覆盖隧道内全部空间和设备，巡视结果依赖人工后台判断，智能化程度不高。

针对以上问题，项目组至 2015 年，以提高电缆运维质量和运维效率、降低人员作业风险为目标，提出电缆系统地理场、通道场、电气场、温度场、通信场等的数字孪生技术路线，并开展相应的生产现场实践，实现电缆走廊和电缆设备的精细信息化建模、通道状态远程可观、信息交互快速穿透、设备状态精确评估、载流能力动态提升、运维管理高效智能。

获奖：2022 年度电力科技创新奖二等奖。

完成单位：南网广东电网有限责任公司广州供电局。

完成人：刘智勇、卞佳音、徐涛、张珏、张耿斌、单鲁平、李茂、徐研、徐涛、卢润戈、来立永、石银霞、阮耀萱、贺伟、黄宇平。

2. 成果简介

项目组自 2015 年，以提高电缆运维质量和运维效率、降低人员作业风险为目标，提出电缆系统地理场、通道场、电气场、温度场、通信场等的数字孪生技术路线，并开展相应的生产现场实践应用。

（1）首次提出了基于实时三维地理信息、BIM 和实景三维激光点云相融合的电缆通道静态孪生方法，并将其与电缆走廊通道的视频、温度、振动、沉降传感等多维数据有效融合，构建基于实时测量和监测数据的电缆走廊通道运行环境孪生模型。

（2）首次研制了双臂双关节、自动装卸灭火弹智能巡检机器人，开发了相应的图形智能识别算法，构建了电缆隧道运行环境动态孪生模型。

（3）首次提出了基于精确测量电缆接头等效电阻和电缆绝缘层最佳分层算法的输电电缆系统热场孪生技术，综合应用电缆线路电流、温度、局放、故障等监测数据，通过多维度信息交互和数字孪生，建立基于多维度电气场监测技术的电缆线路运行状态与载流能力孪生模型，为电缆线路的载流能力提升、运行状态评估和检修策略制定等提供科学依据。

（4）首次提出了基于 5G 网络切片通信技术和数字孪生平台动态建模的电缆系统全景运行状态感知与电缆线路智慧运维方法，实现电缆走廊和电缆设备的精细信息化建模、通道状态远程可观、信息交互快速穿透、设备状态精确评估、载流能力动态提升、运维管理高效智能。

发布行业标准 1 项，南网企业标准 4 项，获得发明专利授权 7 项、发明专利实审 4 项，登记计算机软件著作权 2 项，发表论文 15 篇（其中 SCI 论文 2 篇、EI 论文 3 篇）。经中国电力联合会鉴定，整体达到国际领先水平。

项目近三年成本效益 6256 万元，并在广州供电局 1695km 输电电缆线路和航云隧道、泮塘隧道、科翔路隧道等隧道进行全面推广应用，涵盖 110kV、220kV 等电压等级电缆线路，建成无人化运维示范隧道，建立了隧道无人化运维的新运维模式。

3. 主要创新点

（1）电缆线路通道建模技术研究。深度融合实时三维地理信息、BIM 和实景三维激光点云技术，提出了基于 BIM 和通道三维扫描的电缆线路通道模型。融合设备台账数据、三维扫描数据、BIM 数据、地理信息数据，通过数字孪生建模，实现电缆线路通道和设备三维可视化、台账信息化，并实现设备台账数据和运行数据与三维模型的融合穿透，为电缆系统智慧运维提供通道精确模型。

1）基于实时三维地理信息、BIM 和实景三维激光点云相融合的电缆通道建模方法研究。从点云数据处理、影像数据采集、三维模型框架设计等多个方面对 BIM 建模技术展开研究，提出了电缆通道 BIM 模型搭建的技术要求。对激光扫描技术中用到的测距、测角、扫描三种扫描方法进行试验验证，并针对各类不同的电缆通道场景，差异化地开发出了适用的扫描模式。同时将外业采集激光点云数据与内业人工建模、纹理贴图相结合，构建出完整性极高、精度可达到厘米级的电缆通道三维模型（图 4.18、图 4.19），解决了传统的测量仪器与测量方法在特殊领域的不足。

2）高压电缆三维全景运行平台研究。开发了与生产台账、监控系统共享资源库的高压电缆三维全景运行平台；充分利用天-空-地输电智能运维体系的建设成果，依托智能装备的大量应用，将电网内外部信息作为云端大数据分析的基础；同时打造多源数据融合的"智能运检云"，建立基于二维、三维 GIS 的电缆智慧运维体系，有效解决"信息烟囱"问题。

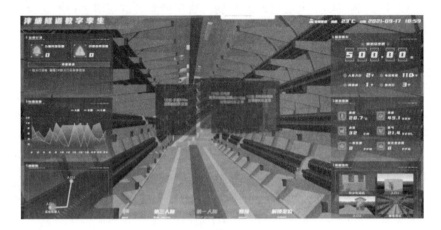

图 4.18　电缆隧道数字孪生模型

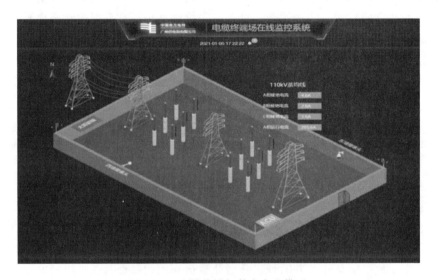

图 4.19　电缆终端场数字孪生模型

3）电缆通道 MR 设备及系统研发。基于"北斗导航＋SLAM 即时定位"的复合式高精度定位，结合 BIM 技术及地下电缆通道三维建模，提出了北斗高精度定位魔盒结合单目视觉 - 惯性传感器紧耦合的 SLAM 即时定位算法的融合方案；建立了多传感器信息融合模型，结合虚拟场景配准融合和三维虚拟模型遮挡处理，提出了一种基于平面自然特征的虚实配准注册方法，并开展了基于 MR 技术的多传感器设备一体化集成设计，将 MR 眼镜、安全帽、导航定位、通信计算等整合为一整套智能穿戴设备，实现了多传感器信息之间的集成融合应用；开发了基于 MR 技术的智能化运维系统，并研制了 MR 增强现实智能巡检穿戴设备，通过图像识别和增强现实技术获取电缆设备的属性参数和运行状态，快速指引设备位置并辅助开展设备巡视。

（2）电缆走廊运行环境建模技术研究。基于电缆走廊的视频传感、机器人传感、温度传感、振动传感等，构建基于实时测量数据的电缆走廊运行环境模型，基于实时数据和分析，辅助决策电缆走廊智能巡视、智能操作、安全管理、防外力破坏、走廊塌陷、水浸火灾等预警及应急处置等。

1）电缆隧道智能巡检人与火灾灵敏处置技术。研发了双臂双关节、自动装卸灭火弹智能巡检机器人（图4.20），实现机器人在隧道内智能操作水泵、照明等设施，自动更换灭火弹（图4.21）；并开发了相应的图形智能识别算法，智能识别积水、裂缝、入侵等缺陷，实现隧道环境本地智能识别预警和远程获取、机器人手臂自动操作和智能控制，开发了消防机器人灭火弹自动更换装置，根据火情特点自动匹配灭火弹数量并智能装载，实现隧道火灾处置更加灵敏灵活。该复合轨道式新型机器人机器臂有4自由度，可最大携带4个灭火弹，作业半径达1.2m，更大范围代替人工作业。

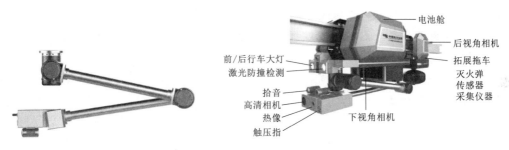

图4.20 双臂双关节智能巡检机器人

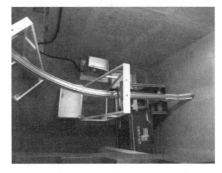

图4.21 自动更换灭火弹装置

2）通道结构监测技术研究。针对长距离电缆外破监测领域施工过程中光缆同沟敷设以及超窄激光在传播过程中快速衰减等情况，设计采用直接探测型 Φ－OTDR 系统。通过对光相位探测和采集即可实现对外部激励信号的定位和监测，对比该时刻与上一时刻背向瑞利散射光强度的变化来判断传感光纤某一位置点是否存在外部激励源的作用。通过解调仿真可实现外部激励信号的复现。首先设计选择小波软阈值去噪，分别对原始无扰动、晃动以及踩踏的数据进行降噪；其次考虑到不同时间点的信号强度存在差异以及不同噪声水平的影响，对降噪后的信号进行归一化处理。考虑到光纤振动传感信号与典型的非平稳语音信号之间的相似性，在对光纤传感振动信号进行初步降噪、归一化和差分处理后，设计采用基于MFCC特征对信号的频谱进行表征。同时考虑 Mel 频率与普通频率之间存在非线性关系，通过非线性关系将不均匀频率转换为均匀频率，即均匀的尺度滤波器组。设计采用了基于 MFCC 特征的 SVM 算法，与传统基于时域特征的 BP 网络神经算法对比，基于 MFCC 特征的 SVM 算法具有更快的模型训练和预测分类的时间，入侵事件识别正确率 100％，整体效率更高；同时融合分布式光纤传感三种散射原理全状态感知，实现了对电缆走廊通道温度、振动、声音、沉降等的有效识别和预警。

3）基于智能联动的监控系统联动技术研究，设计了基于物联网的"机器人＋监控装置"的联动控制。现场监控联动装置采用 LoRa 物联网通信技术，负责与机器人调度中心建立任务控制通信，接收需要执行的任务；PLC 控制器作为联动装置控制中心，负责任务校验解析、联动控制启停模块调度及任务结果反馈任务；联动控制模块负责联动被联动控制设备执行收到的任务，自动完成隧道巡检和现场问题处置。其次应用了高集成度的设计隔离嵌入式区域控制单元，集成 6 类 16 个灵活模块化设备输入输出接口，嵌入式断网独立运行采集联动；结合 GIS 地图综合展示监测状态及报警分布，异常状态及故障分布统计分析，通过 PLC 控件可完成联动策略的灵活配置。

（3）电缆线路电气状态建模技术研究。综合应用电缆线路电流、温度等监测数据，通过多维度信息交互和动态仿真，建立了电缆线路运行状态与载流能力预测模型，实现载流能力的动态提升。

1）基于热路法的单根高压电缆载流量预测计算算法。针对电缆暂态温升环境热参数难以求解的问题，通过建立外部环境等效一阶热路模拟外部环境散热，并基于历史测量数据计算得到电缆外部环境的实时等效热参数。将参数代入构建的包括外环境的电缆暂态热路模型并进行求解，实现在已知电缆负荷条件下对导体温度的预测计算。为验证算法的可靠性，搭建了高压电缆温升实验平台，理论计算结果和实验结果吻合较好，误差能够满足工程实际应用的需求。电缆系统热场孪生计算如图 4.22 所示。

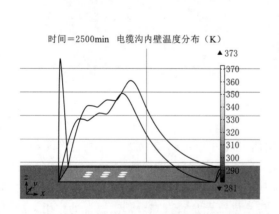
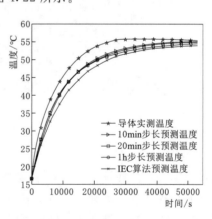

图 4.22　电缆系统热场孪生计算

2）基于机器学习的单根高压电缆载流量预测计算算法。研究了 NARX 神经网络和利用神经网络对导体温度进行预测计算的训练流程，为了验证 NARX 神经网络的精确度，设计了高压电缆周期负荷暂态温升试验，同时将 NARX 神经网络训练预测计算结果与改进 IEC 方法结果进行对比，结果表明 NARX 神经网络算法在电缆导体温度预测上更具有优越性，其预测精度大大提高。

3）单回路电缆和多回路电缆的温度场建模研究。分析了电缆沟敷设方式下电缆的传热方式及特点，针对电缆沟敷设方式下影响磁热流多物理场耦合仿真模型精确度进行研究，通过有限元仿真软件分别建立单回路水平敷设、单回路品字形敷设、多回路水平敷设以及多回路品字形敷设四种敷设方式的热场模型，分析了不同敷设条件下限制载流量提升的瓶颈点以及沟内电缆温升对周围环境温度的影响。对四种仿真模型分别加载动态负荷，分析了在波动负荷下电缆外护套表面圆周温度和电缆沟内壁表面温度的变化，将电缆导体温度仿真结果与基于机器学习的高压电缆载流量预测计算算法结果进行对比，验证了机器学习算法结果的正确性。

4）电缆局部放电监测技术。利用局放传感器、就地信号处理器（子站/LS）、光电变换器、光纤传输网络和数据分析存储装置（母站/MS），实现了对电缆接头及终端，以及电缆本体内部的局部放电（局放，PD）的实时追踪，并能及时预报和预测该局放的发展趋势和预测相关设备的绝缘劣化程度，预防突发性的电气事故，为设备的状态检修和维护提供了有效的数据依据。

5）电缆外护套电流实时监测技术。研究了一套智能接地保护装置（包括智能直接接地保护装置、智能保护接地保护装置、智能交叉互联箱），通过实时监测电力电缆接地环流、感应电压、温度、运行电流等参数来辅助判断电缆线路的运行状况，各监测参数支持上下限报警，辅助运维人员及时发现电缆故障区域及非法盗割、破坏等情况，指导维护部门及时处理和预防安全隐患，防患于未然。

（4）电缆系统信息传输与交互技术研究。设计了基于 5G 切片通信的电缆隧道物联传感架构，采用基于 QoS 调度的无线网优先调度切片技术、基于 Flex-E 的承载网子通道隔离切片技术以及基于 5G 切片隧道物联传感技术，提升电网设备状态数据传输安全性，实现各类传感数据和人员通话同链路承载以及多视频流并行，可快速感知现场并实时反馈。

1）电缆隧道侧 5G 无线网切片传输技术和 5G 承载网切片传输技术研究。基于 5G 无线侧 QoS 调度和 RB 资源预留两种传输技术的逻辑特征和 VPN＋QoS、Flex-E、以太独立端口的切片技术，在电缆隧道内开展了 5G 通信微系统研究，并通过室分方式实现全线隧道的 5G 网络覆盖；现场传感监测或区域通信终端通过内置 5G 模组或外置 5G CPE 模块实现数据传输。

2）电缆系统数字孪生平台研究。通过物联网综合监控平台实现前端传感设备接入、设备管理、监测运维以及数据处理分析等功能，提供多元终端设备上云、远程控制及设备联动等能力，完成设备联网及监测系统的应用集成；应用终端层、网络层、平台层和应用层四层物联网数据传输管理架构，实现多传感规范化集中接入和联动调用，构建了适用于电缆线路智慧运维的电缆系统数字孪生平台，实现了状态远程可观、信息穿透交互、状态精确评估、载流能力动态提升以及运维管理高效。

（5）电缆系统数字孪生与智慧运维的实践研究。基于本项目成果，在广州供电局电缆线路生产现场开展通道三维建模、监测系统建设、运行环境建模、电气状态建模、先进通信技术应用等应用实践，并建立相应的数据交互与智慧运维数字孪生平台，实现智慧运维。

1）基于数字孪生的智慧运维隧道。基于基础三维全景模型，与综合监控系统进行实时传感交互，开发了基于现场设备属性、隧道实时环境、电缆运行状态的数字孪生动态三维感知模型，直观表达当前隧道的三维图像、隧道走向、所处环境、管内线缆布局等监测信息，为技术人员决策提供依据；动态显示设备及其状态信息，集成安全防范、智能控制、消防等系统以及隧道内运维智能工器具，对设备进行在线管理和查询；如果出现报警，系统自动进行切换和联动，直观显示报警信息；同时也可通过隧道机器人第一视角开展隧道全景的可视化巡视和状态感知，如图 4.23 所示。

图 4.23　智慧隧道信息三维展示、应急救援仿真预测、人机联动状态感知

2）基于三维建模技术的无人化运维终端场。按照业务场景，利用电缆终端场综合监控系统建设成果，开展电缆终端场三维模型系统可视化研究，该系统对终端场内现场环境、设施及设备情况进行三维立体还原展示，集视频实时监控、电缆终端环流实时监测、电子围栏防盗功能、智能门禁模块于一体，初步实现电缆终端场的无人化管理。

3）成果中电缆系统热场数字孪生仿真与载流量计算提升技术已在全国推广应用，并发布了相应的行业标准，成功应用在广州供电局各年度度夏期间 220kV、110kV 电缆线路载流量核算中。

4）人员定位及安防监测。开展了基于信道估计的超宽带高精度定位技术研究，根据 TOA 定位系统的实际应用建立了卡尔曼滤波的状态方程以及观测方程，并在广州市 220kV 航云隧道搭建了一个电缆隧道人员定位系统，能够及时准确地掌握人员位置信息及移动轨迹，保证人员与主站的即时沟通，同时有效提高巡检工作效率。

4. 实施应用情况

本项目成果已成功应用于广州供电局电缆线路及电缆隧道智慧运维工作中，其中电缆系统热场孪生仿真与载流量计算提升技术已在全国电缆行业推广应用，编制发布了中电联标准《单芯交联聚乙烯电缆导体温度计算方法》（T/CEC 443—2021），指导全国电缆线路载流量管理工作，大幅降低人员劳动强度，减少了日常运维费用支出，动态提升载流量，节约了大量线路改造投资，近三年累计节约费用6256万元。具体如下：

（1）成果已全面应用至广州供电局约1695km电缆线路中，实现通道三维建模以及电缆隧道、电缆终端场、电缆施工隐患点等位置通道环境、温度、振动、沉降、线路载流状态等的全景运行状态感知，大幅提高运维质量和运维效率，节约运维费用投入，实现所覆盖线路及隧道的智慧运维。

（2）成果在广州供电局航云隧道、泮塘隧道、科翔路隧道等隧道进行全面推广应用，涵盖110kV、220kV等电压等级电缆线路，建成无人化运维示范隧道，探索了隧道无人化运维的新运维模式；带机器臂和自动换灭火弹功能的新型智能巡检机器人在科翔路隧道示范应用，成果将在全国最长的陆地500kV电缆隧道楚庭隧道推广应用，提升智能巡检效能。

（3）成果中电缆系统热场孪生仿真与载流量计算提升技术已在全国推广应用，并发布了相应的行业标准，成功应用在广州供电局各年度度夏期间220kV、110kV电缆线路载流量核算中。按照220kV电缆线路具备半小时1.2倍提升载流量能力，初步评估220kV纯电缆线路可增加广州中心城区供电能力约800MW，按照220kV变电站负荷350MW考虑，相当于在中心城区增加了2.3座220kV变电站的供电能力。在2021年220kV凯旋站母线停电期间，应用本成果实现110kV凯陈夏苗航线载流量提升，为白云区减少停电户数约8000户。

5．社会效益与间接经济效益

通过本成果的全面应用，探索出了电缆系统的智慧运维模式，一方面大幅提升电缆线路的运行安全性和可靠性，为供电用户提供更加可靠的供电做好支撑，更加高效、全面服务好全社会供电用户和经济发展；另一方面，通过电缆线路载流量准确计算与提升，提升了电缆资产的利用率，最大化发挥了电网的价值，节约了电网建设、改造投资，并减少了相应的电缆本体、电缆附件、电缆走廊建设所需的能源和物资消耗，为全社会碳中和贡献力量。同时，基于本项目的研究成果，发布了相应的行业标准和企业标准、高水平SCI论文，并完成了相应技术在现场的示范应用，引领输电电缆领域数字孪生、智慧运维、资产管理等技术进步和发展。

成果案例5：电力二次系统多专业自主可控关键技术研究及整体应用

1．背景

电力二次系统实现电网运行状态、设备状态采集与控制，甄别故障，隔离故障，保障电网安全，其自主可控对于大电网安全、电力可靠供应意义重大，是保障国家安全的重要组成部分。传统电力二次系统软硬件自主可控现状，硬件方面使用的核心芯片几乎全部依赖进口，无芯即无机，一旦芯片断供，将直接影响设备正常供应和维护。2009年国家启动国家科技重大专项"核心电子器件、高端通用芯片及基础软件产品"（简称"核高基重大专项"），经过十余年的发展，随着全志、高云、紫光、兆易创新、贝岭等民族芯片企业的不断壮大，当前国产芯片已可以满足电力二次系统的采、传、算、控、监全过程的基本需求。但是，一方面，自主芯片的可靠性未经长期验证，根据工信部电子第五研究所提供的国内权威数据，国产芯片平均不合格率18.31％；另一方面，基于自主芯片的二次系统尚处于小规模应用阶段，可靠性数据缺乏积累，存在不确定性。基于以上原因，如何在基础器件可靠性不确定条件下实现系统的高可靠性是我们面临的重大难题。软件方面，虽然应用软件已经实现了全面自主，但通用构件等底层核心软件仍旧受制于人。此外，近些年关于进口芯片和基础软件的后门与漏洞的报道屡见不鲜，给电力二次系统信息安全造成严重安全隐患。

综上所述，新形势下电力二次系统面临四个问题：①核心软硬件自主化率低，存在断供风险；②电力工控行业应用国产核心软硬件在实时性、可靠性方面存在风险；③针对工控系统的网络攻击激增，系统网络安全风险加剧；④电力二次系统自主可控生态产业链未全面打通。

本项目的意义就在于通过应用研究带动基础研究，不仅实现真正意义上的电力二次系统自主可控，并且推动在关系国家安全的领域和节点构建自主可控、安全可靠的国内生产供应体系进度，初步形成对外方人为断供的反制能力。

获奖：2022年度电力科技创新奖二等奖。

完成单位：中国南方电网电力调度控制中心，深圳供电局有限公司，南网广东电网公司电力调度控制中心，南网广西电网有限责任公司，南京南瑞继保电气有限公司，长园深瑞继保自动化有限公司，北京四方继保自动化股份有限公司，南京国电南自电网自动化有限公司，阿里云计算有限公司，华为技术有限公司。

完成人：胡荣、丁晓兵、李金、陈朝晖、江伟、刘映尚、周华锋、陶文伟、张喜铭、郝蛟、周志烽、赵化时、梁寿愚、罗会洪、曹伟。

2. 成果简介

本成果属于电力二次系统自主可控技术领域。项目系统研究了电力二次系统多专业自主可控关键技术，在芯片、板卡和系统多层级高可靠性、分层解耦等方面取得了重大创新性成果，研发了全栈国产化变电站二次设备、自主可控调度监控主站系统、国内首个自主可控调度云平台，形成了电力二次系统整体自主可控，有效防范了二次设备核心元器件依赖进口的"卡脖子"风险，初步形成了对外方人为断供的反制能力，在行业内率先落实了习近平总书记"加快推进国产自主可控替代"的决策部署。主要内容和特点如下：

（1）提出了基于多维度安全、多资源集约、多层次兼容的变电站二次设备自主可控解决方案，构建了基于自主可控基础器件及关键设备的可靠性评价体系，实现了变电站二次系统采、传、算、控、监全环节整体可靠性的提升，有效解决了在国产基础器件可靠性不确定条件下变电站二次系统的高可靠性问题。

（2）提出了调度监控主站系统自主可控解决方案，运用底层硬件抽象、多实例在线扩容、节点自动寻址等技术，实现了基于自主可控基础平台的适配与安全、稳定、高效运行。

（3）提出了大规模多节点电力调度云计算平台的松耦合解决方案，屏蔽了不同指令集/编译器/操作系统/开发语言等差异的影响，构建了国内首个"一云多芯、平台级同城双活"专有电力调度云平台，支撑了电力调度云国产化替代及弹性扩容能力的有效提升。

（4）提出了基于自主可控可信环境的电力二次系统全栈安全主动防护技术，建立了基于"计算＋保护"的双计算体系的可信计算环境，构建了自动识别"自我"和"非我"程序的安全免疫机制，提升了电力监控系统安全水平。

项目授权专利 33 项，发表论文 20 篇，登记软件著作权 11 项，编制技术标准 6 项。

项目成果已规模化应用，覆盖了南网调度云计算平台、南网各级调度主站及 35～500kV 各电压等级厂站，实现了电力二次系统多专业、多层级的整体自主可控。经济、社会效益显著，直接经济收益（合同收益）1.44 亿元，间接经济收益 36.7 亿元。项目催生了涵盖"产学研用"的高价值产业链，成果已推广至华能、大唐等单位，引领了电力二次装备"中国制造"的技术发展路线。相关成果得到了国家发展改革委网站、广西日报、人民网等官方媒体报道。

项目通过了中国电机工程学会组织的鉴定，程时杰院士以及来自国家信息中心、工信部电子第五研究所等单位的专家一致认为：项目在理论研究、方法创新及技术实现上取得了重要的创新性成果，具有良好的推广价值，整体达到了国际领先水平。

3. 主要创新点

（1）集约、协同、兼容的自主可控变电站监控体系架构设计。

1）基于自主可控芯片的高可靠性保护系统架构。项目构建了高冗余高弹性的软硬件平台架构，采用分层与分布的设计理念，实现系统软件、应用软件和硬件的相互解耦，并统筹优化计算和接口资源分配。采用软硬件分层设计，最大程度保持了上层核心软件不改变，即使后续国产芯片快速迭代，只需修改系统软件使之与国产芯片适配即可，提高了平台架构对芯片的适应能力，实现平台架构的高弹性设计。采用资源分布设计，利用板间高速实时总线，将计算和接口资源在多个板卡间统筹分配，实现了计算和接口资源的高冗余设计，解决国产芯片性能和接口资源相对不足的问题。提出基于自主可控芯片的保护控制设备高可靠性关键技术，采用"保护＋启动"或"保护＋保护"的高可靠性冗余架构，确保单一元器件故障装置不发生误动；采用高弹性的软硬件平台架构，保持上层核心软件不改变，核心软件已经经过现场多年运行考验，装置可靠性得到有效保障。

2）基于自主生态的高性能变电站监控系统架构。分析自主芯片和自主操作系统的性能差距，采用功能重构模式，建立分层分布的监控系统架构。针对国产化底层硬件迭代周期短、性能可靠性不确定等特点，从解决国产化底层硬件频繁迭代升级带来的兼容性、适配性、长周期运行可靠性等问题出发，设计了一种兼容多种异构底层系统的服务化监控平台，为监控系统上层应用开发和运行提供坚实、可靠的平台支撑，支持多种自主可控异构底层系统，包括鲲鹏、海光、兆芯、飞腾等国产处理器及凝思、麒麟等国产系统，同时也兼容进口处理器及操作系统。针对变电站监控系统存在的设备监控能力不足、系统功能重复、信息共享程度低等现状，研究主辅设备多源信息全景采集和状态感知的集约化数字映射框架。面向电网运行和设备监控本质要求，制定了变电站跨安全分区多主体高效协同控制机制，实现变电站系统运行的自动控制、协同联动、边缘自治、云边互动。研究站端异构计算动态池化、实时流式数据引擎、开放式算法扩展坞等技术，构建站端统一数据服务平台，实现变电站新型监控系统"数智底座"，从监控系统架构层面提升了整体性能，支撑了站端数据开放共享生态的构建。自主可控监控主机系统由资源服务层、应用平台服务层和应用层组成。

3）变电站监控系统采、传、算、控、监全环节可靠性提升技术研究。项目针对芯片应用阶段失效问题进行可靠性提升技术研究，同步进行了国产芯片板级电学性能适应性、抗干扰极限适应性、工艺适应性等可靠性试验，基于上述板级可靠性试验分析数据，开展高加速应力寿命试验，提出了针对国产芯片核心主控板的可靠性提升技术方案。主要提升技术如下：①简化设计。在实现规定功能的前提下，尽量简化电路结构设计，最大限度地减少所用元器件的类型和品种，提高元器件的复用率；②低功耗设计。采用低功耗器件，如在满足工作速度的情况下，尽量采用 MCOS 电路，而不用 TTL 电路；在完成规定功能的前提下，尽量简化逻辑电路，并更多的用软件来完成硬件的功能，以减少硬件的数量；③保护电路设计。在电路的信号输入端设计静电保护电路，在电源输入端设计浪涌干扰抑制电路，在高频高速电路中加入噪声抑制或吸收网络。如在通过误差校正码技术（Error Correcting Code，ECC），当内存中数据出现能够容许的错误时，可以将错误更正，使系统得以持续正常操作，不致因错误而中断芯片内的程序运行等；④降额设计。使元器件使用中承受的应力低于其设计的额定值，使得元器件工作应力水平和最大应力水平之间的界限得以提高。

提出了高冗余高弹性的软硬件平台架构，采用分层与分布的设计理念，实现底层软件、应用软件和硬件的相互解耦，并统筹优化计算和接口资源分配。采用软硬件分层设计，最大程度保持了上层核心软件不改变，即使后续国产芯片快速迭代，只需修改底层软件使之与国产芯片适配即可，提高了平台架构对芯片的适应能力，实现平台架构的高弹性设计。采用资源分布设计，利用板间高速实时总线，将计算和接口资源在多个板卡间统筹分配，实现了计算和接口资源的高冗余设计，解决国产芯片性能和接口资源相对不足的问题。

4）高可靠全栈国产化变电站监控设备研制及应用。本研究课题攻克了"国产芯"电路可靠性设计、自主可控软硬件协同优化设计、本质安全提升、插件级兼容设计等一系列核心技术难题，率先完成了 10～1000kV 全电压等级变电站全系列自主可控保护与监控设备的研制，相关设备的功能、性能、安全等设计均遵循国家标准、行业标准及南网企业标准，满足电网运行要求。

（2）调度核心监控主站系统全自主可控关键技术研究。

1）基于底层硬件抽象的多种架构指令集融合技术研究。项目开展了调度核心监控主站系统基于底层硬件抽象的多种架构指令集融合技术研究，通过在系统内部设计硬件抽象层（Hardware Abstraction Layer，HAL）屏蔽不同 CPU 架构之间的差异，可广泛支持 x86、MIPS、PowerPC、PPC64el、ARM64、IA64 等架构，实现了国产 CPU 芯片（华为鲲鹏、龙芯、兆芯、海光、申威、飞腾）的广泛应用。

2）多架构应用服务器集群管理技术研究。提出了自主可控多架构应用服务器集群管理技术，优化多种架构（如 ARM）单核处理能力下降后高频数据存储查询能力，解决了自主可控系统对电网超大规模实时数据处理和发布的性能问题，提升了自主可控调度核心监控主站系统的可靠性和稳定性。

3）多实例在线扩容技术研究。基于多实例在线扩容技术，解决了大容量存储环境下（200 万测点/s）的数据存储性能问题。随着数据量的增大，普通单实例的时序库部署模

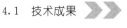

式由于网络带宽、CPU、磁盘 IO、锁竞争限制已经无法满足大容量数据的存储需求，为突破单实例处理能力的限制，充分利用多台服务器的带宽、CPU、磁盘 IO 等资源，采用多实例的部署方式，将多个实例平均或接近平均部署在多个节点上，每个节点处理整个系统一部分数据，以此来实现负载均衡和计算、存储资源的充分利用。

4）高密度数据并发查询负载均衡技术研究。为满足自主可控电力监控系统高密度数据并发查询需求，本项目采用磁盘 IO 多路复用消息处理框架和内存访问趋势预测缓存管理来实现高密度数据并发数据查询的高性能。

时序库采用 Reactors＋thread pool 模式，使用 IO 多路复用技术，降低了时序库实例在高并发网络环境下的网络 IO 线程切换开销。同时，基于回调的消息处理机制，提高了CPU 利用率，线程池的设置减少了线程动态创建和销毁的开销，该模式有效满足了数据服务高性能和高并发的需求，并结合多实例在线扩容技术，能有效满足负载均衡的需求。

为满足查询速度的需求，在时序数据库内部设置内存缓存，用于对热点数据进行高速缓存，减少磁盘 IO，提高查询效率，并提出在常规缓存外增加预读缓存的方法，通过对数据访问的趋势进行分析，预测下一阶段可能会被访问的数据，得到分析结果后，提前将相关数据载入预读缓存，以提高数据访问效率。

5）系统节点自动寻址技术研究。为解决主站系统在自主可控多种架构（特别是云端架构）上的节点安全接入问题，项目提出了基于全局节点命名服务的节点自动寻址与安全接入技术，解决了调度核心监控主站自主可控系统在多种架构上节点的在线柔性扩展与自动管理，有效提升系统的管理安全性。

6）自主可控调度监控主站系统研制及应用。项目基于底层硬件抽象的多种架构指令集融合技术、多架构应用服务器集群管理技术、多实例在线扩容技术、高密度数据并发查询负载均衡技术、系统节点自动寻址技术、基于可信环境的关键操作授权技术等一系列核心技术，完成了电网调度核心监控主站系统全自主可控解决方案的研究及系统研制，相关研究成果已在南方电网电力调度控制中心进行了实战化应用，系统运行工况良好，有效保障了电网的安全、可靠、高效调度，对推动我国电网调度自动化系统自主可控技术研究及产业发展具有重大意义。

（3）自主可控一云多芯调度云平台关键技术研究。

1）"一云多芯片"调控云平台关键技术研究。项目提出了调度云平台全栈"一云多芯，一云多池"技术。通过屏蔽硬件 CPU 异构特性，对基础组件产品和技术栈实现了分层解耦，各层级实现松耦合。通过构建硬件架构逻辑抽象技术，将云产品、应用和硬件平台进行了松耦合处理。在保证软件特性、逻辑和接口一致性的基础上，通过硬件屏蔽指令集、编译器、操作系统和开发语言等方面存在的差异点，并根据不同种类芯片性能和架构特点，提供了灵活的适配接入规范。

2）"无感调度、算力融合"技术研究。基于分层解耦技术，调度云平台支持多种形式的异构芯片混合部署，并根据使用需求和平台资源情况，智能调度应用运行环境，实现无感知的多元算力融合，具体实现效果如下：①多产品混合部署：一个云平台内，不同云产品可以部署在不同的芯片上，例如对象存储使用国产 x86 芯片，关系型数据库可以使用国产 ARM 芯片；②多集群混合部署：单个云产品支持部署在多个集群，不同集群支持部署在不同芯片上，用户使用/创建资源时可以选择不同的芯片集群，例如对象存储有国产 x86 芯片和国产 ARM 芯片两个集群，用户使用/创建资源时可以选择数据存储到需要的芯片集群中；③单集群内混合部署：单个云产品的单集群支撑部署在不同的芯片上，用户使用/创建资源无需选择芯片，由系统自动调度，用户无感知。

3）"异构容灾、统一管控"技术研究。基于"一云多芯"的能力，调度云同城备节点与主节点形成了同城容灾双节点。为了支持异构场景下的多机房容灾能力，调度云平台定义了异构容灾场景的架构规范。同城容灾双节点定义为在一朵云一个分区下的两个节点，主备两个节点内云产品和底座对等部署，物理上是两份产品/底座，逻辑上是同一个产品/底座，共享一份元数据，共同管理两个节点，支撑实现异构主备节点统一管理、资源统一调度。

4）自主可控调控云平台研制及应用。研究成果已应用于中国南方电网网级备用电力调度控制中心调度云平台同城备节点的设计、研制、建设及运行维护，经过历时 2 年的建设，该平台完成了 800 余项功能性能测试，已于 2021 年 11 月通过整体考核验收，正式投入运行，目前运行稳定、性能良好，完全达到了研究、设计目标。

调度云备节点采用了大规模多节点调度云计算平台的松耦合解决方案，实现芯片、平台和应用的松耦合，屏蔽不同指令集/编译器/操作系统/开发语言等差异的影响，基于完全自主可控软硬件，构建出国内首个"一云多芯、平台层同城双活"专有云平台，支撑云上业务系统灵活快速跨架构部署，提升调度云存量设备逐步国产化替代的安全性和未来扩容建设的灵活性。

调度云备节点首期包括 365 台 PC 服务器，全部采用国产化自主知识产权 ARM 架构芯片，实现了国产化芯片服务器在电网调度领域、企业级专有云领域的国内首次大规模应用，支撑调度云备节点 28 套全国产化云服务组件，为南方电网调度域业务提供了丰富的基础资源服务（IaaS）、平台应用服务（PaaS）、大数据人工智能服务（DaaS）。

ARM 架构的调度云备节点与 x86 架构主节点实现了一云多芯的多活灾备架构，两套云平台物理上独立部署，有效应对灾难性事件，保障云服务的可用性；软件服务上融合统一，做到云服务的双活，有效支撑云上业务应用灵活跨架构、跨节点上云部署，实现全网调度业务应用的双活灾备。

（4）自主可控电力监控系统多维度本体安全防护体系技术研究。

1）自主可控电力监控系统多维度本体安全防护体系架构研究。项目在变电站的网络边界防护基础上，攻克了自主可控电力监控系统内生安全防护技术、基于安全沙箱的电力监控软件安全隔离技术、自主可控电力监控系统可信认证技术、自主可控电力监控系统主动防御技术、基于知识库和人工智能分析的主动防御技术等核心技术难题，构建了自主可控电力监控系统多维度本体安全防护体系架构。通过对变电站内监控设备、通信设备、网络设备、安全设备的安全信息实时采集，获得变电站运行的安全动态信息，为及时发现和阻止网络攻击提供了信息基础，为变电站内网络安全监测及主动防御提供整体解决方案，有效提升了变电站本体安全防护水平。

2）自主可控电力监控系统内生安全防护技术研究。项目采用基于网路安全态势感知技术，实现登录信息、USB 接入信息、串/并口占用信息、关键文件/目录、非法外联访问、网口连接、无线连接等安全信息的全景监测；支持接受主站平台下发的控制命令，如基线核查、主动断网、参数查看修改等功能，提升了网络信息安全探测及风险防御能力。

同时本项目开展了电力监控系统本质安全提升，具体从项目操作系统安全、工具安全、第三方应用安全、通信安全等几个方面进行提升：①操作系统安全：用户账号加固及管理、端口和服务加固、服务漏洞修复、访问白名单设置、外联设备访问控制；②工具安全：账号双重授权、密码强度设置、用户分权、漏洞修复、第三方库升级；③第三方应用安全：动态端口设置、访问控制、日志记录、漏洞修复；④通信安全：报文异常处理、报文加密、程序身份认证、异常报文记录。

3）基于安全沙箱的电力监控软件安全隔离技术研究。项目开展的安全沙箱访问控制主要包括对文件目录的隔离、进行用户授权隔离和对进程进行隔离。在宿主机上部署安全沙箱系统，站控系统按照业务划分为应用层和基础平台层。基础平台部署在宿主机安全操作系统上，应用层 App 部署在沙箱内。安全加固沙箱将宿主机上满足 App 运行的最小资源隔离到独立的容器环境中，通过交互管理器统一管理沙箱内 App 与基础平台的交互。应用层 App 只能访问沙箱内的资源，对外的唯一交互方式为平台代理共享库的 API 接口。利用宿主机内局部的安全隔离功能，保障了部署第三方 App 之后整个系统的安全性。

4）自主可控电力监控系统可信认证技术研究。基于可信计算产品构建可信计算节点设备进而打造可信网络。可信节点采用双系统体系框架构建，主动免疫是主要的安全特性。通过在计算平台上植入主动度量控制芯片可信平台控制模块（Trusted Platform Control Module，TPCM）构建可信根，实现了计算和可信的融合（主要通过 CPU 内置、板载、插卡等或这几种方式实现）。TPCM 在可信密码模块（Trusted Cryptography Module，TCM）基础上加以信任根控制功能，采用我国自主密码体制作为免疫基因实现密码与控制相结合。软件基础层实现操作系统和可信软件基的双重系统核心，通过在操作系统核心层并接一个可信的控制软件接管系统调用，在不改变应用软件的前提下实施对应执行点的可信验证（在验证过程中需 TPCM 支持），达到主动防御效果；网络层采用三层三元对等的可信连接架构，在访问请求者、访问连接者和管控者（即策略仲裁者）之间进行三重控制和鉴别，管控者对访问请求者和访问连接者实现统一的策略验证，将信任由单节点传递至网络，构建可信的信息系统提高了系统整体的可信性。

课题在遵循既有边界防护理论的基础上，从硬件可信安全、操作系统可信、业务安全可靠层面构建了多维度、立体的主动可信防御体系。基于操作系统可信验证技术实现系统运行各环节的主动免疫，基于国密算法的通信安全技术在通道及协议层面实现算法的安全可控。可信验证模块通过模块的方式插入到内核中，实现对业务程序的可信验证功能。原有业务程序无需改造，系统运行负担小，轻量化部署，易实施；主动阻断未知程序的启动和执行，并形成审计和告警信息；未知文件指不在可信验证模块策略清单中的程序，包括但不限于内核文件、系统文件、动态库以及应用程序等；通过对未知程序的执行的阻断，实现恶意程序免疫，并进行主动防御。

5）电力监控多维度本体安全防护系统研发及应用。在监控系统的服务器、工作站、工控机等宿主机方面，开展宿主机、操作系统以及监控系统的交叉适配，充分进行稳定性、可靠性、性能等全方位的测试验证和评估，一方面分别形成监控系统与宿主服务器、工作站及工控机的选型库；另一方面，完善监控系统的软、硬件适配层，使系统适应基于国产 CPU 的宿主机以及国产安全操作系统。

在国产数据库系统方面，一方面对各种国产数据库系统软件特性进行充分的验证和评估，完成适合监控系统的国产数据库选型库，并通过完善系统的通用数据库适配层，以使系统的上层应用对数据库切换的透明感知，降低系统与数据库系统的耦合度，以提高形同的健壮性。

在系统关键组件的国产化方面，结合电网公司开展的 MMS 国产化替代相关的研究项目、试点工程或联试联调。监控系统的站内通信规约采用基于 GSP 的方式逐步进行更新切换。

在监控系统的安全加固方面，通过网络安全态势感知装置的实践经验，经过充分验证评估后，在用户权鉴、输入有效性、数据审计、数据传输完整性和保密性、数据存储的完整性和保密性等方面对系统进行完善。

4. 实施应用情况

本项目在粤港澳大湾区选取 4 座各电压等级典型变电站（500kV 科北站，220kV 冠和站，110kV 中康站、卓越站）开展示范工程建设。粤港澳大湾区是全球著名的四大湾区之一，供电呈现"高可靠、高质量""风险大、影响大"等特点，对自主可控示范需求迫切，示范工程涵盖了基建、改造、智能、常规等各种类型，站内保护、安自、自动化、网安等二次设备均实现了全面自主可控。在南网总调网级运行控制系统、广西钦州地级主配一体化调度运行控制系统开展了自主可控示范建设。同时建成了全自主可控调度云节点，与调度云主节点形成国内首个"一云多芯、平台级同城双活"专有云。调度云同城备节点包含 365 个节点 28 套组件，平台使用 ARM 架构处理器，与 x86 架构主节点实现"一云多芯"的多活灾备架构。基于芯片、平台和应用的松耦合，支撑备调 OMS 等 13 套业务系统灵活快速跨架构上云部署。

2020 年起自主可控变电站保护、自动化及网络安全设备开展规模化应用，新建及改造网省地各级调度自动化主站系统已全面自主可控。

项目催生了涵盖产学研用的高价值产业链，项目相关成果已推广至国网、华能、大唐等系统外单位，应用于发电（水电、火电、风电、光伏及生物质发电等）、储能等领域，为打造新型电力系统二次设备整体自主可控提供了技术支撑。

5. 社会效益与间接经济效益

项目成果已规模化应用，覆盖了南方电网调度云计算平台、全网各级主站及 35～500kV 各电压等级厂站，实现了电力二次系统多专业、多层级的整体自主可控。经济、社会效益显著，直接经济收益（合同收益）1.44 亿元，间接经济收益 36.7 亿元。项目催生了涵盖产学研用的高价值产业链，成果已推广至华能、大唐等单位，引领了电力二次装备"中国制造"的技术发展路线。同时本项目带动了国内自主可控产业链相关公司（龙芯中科、珠海全志、中科海光、凝思等）的快速发展，经济效益显著。

本项目积极提升了电网二次系统装备自主可控水平，是贯彻落实习近平总书记"加速推动核心技术突破""围绕产业链部署创新链、围绕创新链布局产业链"决策部署，彰显央企担当的重要体现，也是防范化解依赖进口产品风险，保障关键装备满足公司建设运营的需要。

本项目成果的规模化应用，对推动我国电力二次领域自主可控技术研究及产业发展具有重大意义，引领了电力二次装备"中国制造"的技术发展路线，牢牢掌握了创新主动权、发展主动权，推动了本质安全型电网的建设，为经济社会发展提供了安全可靠的电力保障。

成果案例6：广州配电网主站集中式自愈策略优化研究与实践

1. 背景

自2020年开始，南网广东电网有限责任公司广州供电局大力推广应用配电网主站集中式自愈。电力调度控制中心根据生产需要，一方面结合广州配电网特点，本地化自愈逻辑，尽可能缩短主站自愈动作时间；另一方面对常规逻辑不适应的长线路、小电源并网线路、合环运行线路的自愈制定新的技术方案并推动实际应用。全部策略在主站逻辑中实现并应用于广州配电网，为2021年10月31日完成6242条公用馈线自愈功能全覆盖、建成了全国最大规模的自愈配电网奠定坚实基础。

获奖：2022年度电力职工技术创新奖三等奖。

完成单位：南网广东电网有限责任公司广州供电局。

完成人：蔡燕春、张少凡、秦绮蒨、王莉、吴任博、周荣生、蒋雨晨、顾大德、许达。

2. 成果简介

南网广东电网有限责任公司广州供电局主站集中型自愈按照智能、简单、适应运行方式等普适性原则开展优化，具备一般性。针对主站自愈逻辑本地化，优化信号收集时间和主站事故处理流程；针对郊区长线路自愈提出增加分段断路器动作启动自愈并将越级动作保护自动识别为同一个故障引发的策略；针对小电源并网线路自愈提出先联切小电源并主动合上保护跳闸的开关进行第二次自愈的策略；针对知识城合环线路自愈提出自动识别线路是否合环并重点解决开环运行自愈的策略。其在广州供电局全面推广应用并正确动作的实践表明，优化后的策略不仅能够在南网内各地区推广应用主站集中型自愈的单位借鉴应用，同时自愈策略优化形成的经验、基本原则、工作方法可以适应"碳达峰、碳中和"的背景下新型电力系统形成过程中大量分布式电源并网的局面，也即具备适应未来电网发展需求的能力。

依据广州配电网主站集中式自愈策略优化研究与实践成果，牵头主编南网企业标准《南方电网10kV配电网故障隔离与自愈功能技术条件（试行）》1项，相关成果凝练成论文"广州配电网主站集中型自愈策略研究与应用"获第十八届南方电网国际技术论坛优秀论文一等奖，授权专利1项"线路后备保护整定方法、装置、计算机设备和存储介质"。

3. 主要创新点

广州供电局主站集中型自愈按照"智能、简单、适应运行方式"等普适性原则开展优化。

（1）常规主站集中式自愈逻辑相关参数的本地化。

1）启动条件的确定为保护动作、开关分位的与逻辑。

2）告警信号收集时间确定为30s。

3）与本地区配电网调度规程中规定的故障处理模式相适应，整定主站集中式自愈相关参数。

（2）长线路主站集中式自愈逻辑方案。

对于长线路，必须分段断路器保护动作加开关分位纳入启动条件，但运行中会出现保护越级。因此提出配电主站对CB、FB保护同时动作并跳开自动识别为同一个故障引起进行处理，且统一归集为CB保护动作加分位启动自愈，FB保护动作信号作为故障判据使用。该策略能最大程度耐受方式调整带来的保护失配，体现"适应运行方式"原则。

（3）小电源并网线路主站集中式自愈逻辑方案。

按照"智能"原则，仿照调度员故障处理策略，配电线路故障时先断开并网的小电源，然后进行故障隔离和负荷恢复操作，配电主站采取以下策略：

1）添加小电源标识。将可能导致配电终端故障判据误动的小电源并网开关标识为小电源并网开关。

2）自愈第一次启动后先切除并网小电源，将线路转化为普通单电源供电线路，然后合上变电站馈线开关，如图4.24所示。若合于故障则第二次跳闸启动的线路自愈转化为普通线路的典型自愈逻辑，如图4.25所示。

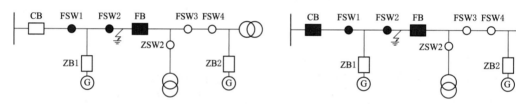

图 4.24　自愈第一次启动切除小电源　　　　图 4.25　自愈合上馈线开关后第二次启动

（4）合环运行线路主站集中式自愈逻辑方案。

合环时直接闭锁主站自愈，重点解决差动动作后或线路检修等形成的开环运行。策略的关键是判断线路是否合环运行，可采用合环运行线路运行的变电站20kV母线出发，通过环网进出线开关的合位能回到合环线路的另一路电源至同一段20kV母线，则认为合环运行，否则认为开环运行。

（5）主站集中式自愈与就地型自愈协同的分析。

采用协同方式时，一是启动条件及相应逻辑复杂；二是故障下游临界开关的残压闭锁功能存在原理性缺陷，且配电终端非全部具备残压分闸后闭锁合闸功能，故不采用主站集中型自愈与就地型自愈协同方式。原则上均统一采用主站集中型自愈，通信条件不具备时则采用就地型自愈。广州配电网运行经验表明，主站集中型自愈具备适应网架能力强、异常处理能力足、故障区间定位准的优点，是一种适合于城市配电网推广应用的技术路线。

（6）创新点。

1）增加分段断路器启动自愈功能，并将线路上多个故障处理过程识别成同一故障，从根本上解决变电站馈线保护对长线路线末灵敏度不足问题和保护失配问题。

2）模拟调度员人工处理过程，解决小电源造成配电终端故障判据误动问题。

3）提出了合环运行线路开环运行时投入主站集中式自愈逻辑，解决了合环线路开环运行时供电可靠性降低的问题。

4．实施应用情况

依据广州配电网主站集中式自愈策略优化研究与实践成果，推动主站集中式自愈线路工作，2020 年年底具备主站集中式自愈的线路达到 2000 条，至 2021 年 10 月 31 日完成 6242 条公用馈线自愈功能全覆盖，建成了全国最大规模的自愈配电网。主站集中式自愈大力推进，产生了良好的经济效益。

2020 年，主站集中式自愈减少停电 520 个中压用户，平均每个中压用户用电功率大约为 400kW，累计减少停电 208000kW·h，按照电费约为 0.7 元/kW·h 计算，累计减少电费损失 14.56 万元。考虑故障区域误判等导致的人员的工时损失、车辆损耗等，一次故障平均故障巡线出动人员 2 人，出车 1 辆，耗时 1 天，折算费用约为 3000 元/次，累计减少人工工时、车辆等费用 29.40 万元。

2021 年，主站集中式自愈减少停电 7368 个中压用户，平均每个中压用户用电功率大约为 400kW，累计减少停电 2947200kW·h，按照电费约为 0.7 元/kW·h 计算，累计减少电费损失 206.30 万元。考虑故障区域误判等导致的人员的工时损失、车辆损耗等，一次故障平均故障巡线出动人员 2 人，出车 1 辆，耗时 1 天，折算费用约为 3000 元/次，累计减少人工工时、车辆等费用 285.00 万元。

5．社会效益与间接经济效益

（1）社会效益。

1）长线路主站集中式自愈避免了配电长线路故障因保护覆盖范围不到，不能隔离故障可能导致的人身触电、森林火警及设备安全。

2）相比于其他传统故障处理方式，减少了用户停电感知次数，提高了客户用电满意度。

3）精准定位故障区段，减少了人工操作次数和操作安全风险。

4）助力持续优化广州局营商环境"获得电力"指标。自愈减少了停电时户数，提高供电可靠性，提升了用户获得电力感受。

（2）间接经济效益。

广州配电网主站集中式自愈全覆盖，不仅减少了停电时户数，提高了全局供电可靠性，产生了间接经济效益：按 2021 年全局全年减少停电 0.157h，则多供电 0.018 亿 kW·h。根据广州日报报道，每度电支撑广州 GDP 产出 27.56 元，则减少停电能多支撑广州 GDP 产出 0.494 亿元。

成果案例 7：变电站级水电微电网独立运行技术研究与应用

1．背景

一方面，粤北地区地形地貌复杂，山区较多，受限于投资成本过大以及环境保护等原因，部分变电站现在且在未来较长一段时间内均会采用"单线单变"的电网结构，对于"单线单变"的变电站，一旦发生外部故障或者设备检修，全站将面临大停电事件；另一方面，上述地区小水电丰富，尤其是偏远山区，可以考虑利用小水电的连续供电能力，积极构建水电微电网以应对潜在的大停电事件，进而有效提高变电站的供电可靠性。然而变电站级微电网的实施存在以下几个问题：

（1）关于变电站级水电微电网的研究较少。与风电、光伏等新能源相比，水电发电功率的日内波动性与随机性较小，有库容的水电站可视作稳定可控电源。但与储能装置相比，水电站的调节速度较慢，无法实现功率的快速、实时调节；另外，现有微电网的研究主要集中在馈线级微电网，考虑到部分地区"单线单变"电源结构的特点，极容易出现变电站级大停电事件，此时馈线级微电网无法保证剩余馈线的电力供应，有必要研究变电站级微电网以全面提高系统的供电可靠性。

（2）微电网孤岛在线划分问题。孤岛划分是一个包含开关状态等 0－1 决策变量以及潮流等非线性约束的数学优化问题。数学优化问题的求解需要一定时间，但是系统的状态却是时刻变化的，需提出更准确的实时性方案。

（3）微电网规模调整问题。山区地区小水电站数量庞大，理论上每个小水电站均可以与就近的负荷组合构成一个小型微电网。然而，微电网规模越大，系统的惯性就越高，相应的稳定性就越高，但网络线损越大。微电网规模越小，运行的灵活性越高，但系统的稳定性越差。需要考虑水电站不同时期出力与负荷功率大小等因素，灵活调整微电网规模。

（4）控制策略验证问题。动模实验受限于硬件设备单一、硬件设备有限等问题，无法灵活地满足各种目标电力系统的要求，尤其是本项目所对应的包含水电站的电力系统。

针对以上问题，项目开展变电站级水电微电网运行模式切换技术与硬件在环仿真研究。

完成单位：南网广东电网有限责任公司韶关供电局，武汉大学，东方电子集团有限公司。

完成人：周丹、尚磊、董旭柱、黄玉琛、陈智聪、邓旭、王文锋、邓美玲、卢珊、李里、李嘉杰、闵乐聪、刘文青、钟靖、罗玉娇。

2. 成果简介

以南方电网科技项目为依托，以实现变电站级水电微电网运行模式切换和灵活可靠运行为目标，项目从技术分析、软件开发、在环仿真和示范应用方面展开研究。

项目提出了强通信条件下考虑暂态频率特性的在线孤岛划分方法和弱通信条件下的主站就地联动配合技术，提出了准确快速的本地化孤岛检测方法；提出了多分布式水电协调运行策略；构建了考虑多分布式水电协调运行策略的微电网重构模型；为避免重构模型求解过程中产生大量不可行解，提出了基于改进粒子群算法的微电网重构求解算法；研发了分层分布式架构的主站控制软件系统，具备信息采集监视、策略分析研判、参数保存可自定义修改等功能；搭建了基于 RTDS 仿真平台的韶关地区红岭站微网的模型，完成了硬件在环测试，验证了所提策略的准确性。项目成果在韶关变电站级水电微电网示范工程成功应用。

项目获授权发明专利 6 项，发表论文 4 篇，经济效益、社会效益显著。项目因地制宜挖掘小水电资源利用价值，降低线路建设等投资费用。成果可广泛应用于其他山区电网，对提升用户电能质量、提高用户的用电体验和幸福指数具有重要价值。

3. 主要创新点

（1）提出了"集中决策＋就地控制"变电站级水电微电网平滑切换控制策略。针对山区通信延时较高、微电网切换过程频率越限问题，提出了"集中决策＋就地控制"变电站级水电微电网平滑切换控制策略。主站考虑暂稳态频率，集中决策源荷开关状态并定期刷新；本地实时孤岛检测并依据上级指令和自身检测结果实时响应孤岛事件。保证微电网在通信条件较差的情况下精确快速执行控制策略，保证频率差小于 0.5Hz、电压差小于1.2p.u. 及更多负荷供电。

（2）提出了数据驱动下多支持向量机的本地化被动孤岛检测方法。针对通信条件较差、孤岛检测准确性快速性较低的问题，提出了数据驱动下多支持向量机的本地化孤岛检测方法。使用多支持向量机对监测点的多个电气量同时进行检测，多个检测窗口进行互补提高孤岛检测的准确率。数据驱动的方式中决策函数部分简单，能够在算力较差、通信较弱的环境下完成分布式小水电的本地化孤岛检测，在 30ms 内完成孤岛检测。

（3）提出了考虑多分布式水电协调运行的微电网重构方法。提出了多分布式水电协调运行策略，优先径流式水电发电。以一天为开关动作周期，以经济性为目标，考虑多水电协调运行策略，建立微电网重构模型。基于深度优先算法改进 PSO 粒子生成、位置更新策略以保证生成粒子满足辐射状拓扑约束。本方法重构后网损降低 82.27%，弃水量降低 50%。

4. 实施应用情况

项目成果在韶关变电站级水电微电网示范工程成功应用。项目建成了韶关变电站级水电微电网示范工程，实现了变电站级水电微电网安全稳定运行。项目成果对山区变电站级水电微电网的平滑切换及高效稳定运行具有重要的现实意义。

5. 社会效益与间接经济效益

（1）有力改善电能质量。通过精确快速的平滑切换控制技术和本地化孤岛检测技术，实现电网频率电压不越限，保证系统经济可靠运行，保障高质量供电需求，提升山区用户用电幸福指数。

（2）有效提升社会能效。项目因地制宜充分利用山区小水电资源，以降低弃水量为目标进行重构优化，减少了建设投资成本的同时提升了配电网互联互济和柔性调控能力，最大化提高可再生能源的消纳率。水电是清洁环保能源，环境效益显著，降低全社会用电成本，对全社会能效提升具有重大意义。

（3）快速引领产业进步。项目推动了微电网的多元化发展，提供未来分布式能源灵活接入形态、平滑切换控制技术，有利于促进分布式能源接入消纳及优化互补，同时变电站级微电网的构建，可提升配电网的智能化水平，利于电力系统的灵活组网，并将带动智慧能源、分布式能源等产业发展，支撑配电系统网架结构的改善升级。

成果案例 8：HLD－ZW32 系列一、二次深度融合智能柱上开关

1. 背景

为了解决目前配电自动化建设中存在的一、二次设备不匹配、小电流接地故障查找困难、馈线终端的电磁式取电 PT 的铁磁谐振和易被雷击损坏、成套设备安装繁琐、电压/电流互感器二次侧存在短路/开路安全隐患等问题，上海宏力达信息技术股份有限公司研发了一、二次深度融合智能柱上开关，突破了传统柱上开关的技术瓶颈，实现了传统电气开关与物联传感设备、边缘计算、工业控制设备的融合，从而使柱上开关具备了人机互联能力、终端研判能力以及深度集成化的特点，能高效地在终端进行故障研判、故障定位、故障隔离，并且实现远程人机交互、线损采集，并可对故障的准确研判、精确定位、快速隔离，以减少停电次数、缩短停电时间，提高供电可靠性和分布式新能源并网供电的快速响应能力。

完成单位：上海宏力达信息技术股份有限公司。

2. 成果简介

项目采用一、二次深度融合的方案，从工艺上成功实现了多个功能模块的高度集成化，将自主研发的数只高精度交流传感器、取电模块，同真空灭弧室一体化固封在高压开关本体的极柱之内。在终端方面采用低功耗系统的电源电路和低功耗微控制器电路设计，实现终端的低功耗，支持电量采集、就地型馈线自动化、单相接地故障就地检测和隔离等功能。

一、二次深度融合智能柱上开关由开关本体、控制终端和配套软件组成，适用于三相交流 50Hz、额定电压 12kV 的户外配电系统，用于线路分段、联络、分支、用户分界等场合。在配电线路中起分断、控制、保护和线损采集的作用。

3. 主要创新点

（1）一体化固封极柱。

电网对设备的绝缘性能要求严格，因此断路器固封极柱的绝缘性能十分关键。断路器外部采用环氧树脂和硅橡胶的复合绝缘方式，并且在真空灭弧室与绝缘管之间设计橡胶套管。作为真空断路器的核心部件，该真空灭弧室设计上采用 R 触头设计，形成高强度纵向磁场，开断能力强，可靠性高。此外，还将电流、电压传感器及电容取电模块与开关主回路部分固封在环氧树脂极柱中，结构紧凑的同时兼顾了绝缘性能要求，将 14.4kV 电压下的局部放电量控制在 20pC 以内。

（2）内置电容取电模块。

取电模块采用内置电容取电模块代替传统的电磁式 PT，解决电磁式 PT 的铁磁谐振和易被雷击损坏等问题，有效避免因取电装置造成的停电。

（3）内置高精度交流电压、电流传感器。

采用高精度交流电压、电流传感器，集测量、保护于一体。具备频响范围宽、线性度好、抗干扰能力强、精度高，体积小、重量轻等特点。简化了系统结构，减少了误差源，提高了整个系统的稳定性和准确性。同时，电压二次侧短路不会产生过电流，也不会产生电磁谐振；电流二次侧开路不会产生过电压，保障了人员和设备的安全。

（4）终端超低功耗和高防护设计。

为了缓解配电线路取电困难的问题，在硬件上采用低功耗系统的电源电路和低功耗微控制器电路设计，并选用低功耗计算芯片及算法，从而实现整机的超低功耗，4G 通信模式下，整机平均运行功耗不高于 1.2W。

（5）多通信技术。

自主研发通信模块，兼容多种通信方式，适应多种应用场景和需求，可通过终端或主站的参数设置进行 5G/4G/3G/以太网/光纤通信方式的任意切换，支持配电自动化系统标准通信协议及信息安全防护要求。

（6）可靠的选择性保护。

通过高精度传感器和保护控制逻辑，判断相间短路、单相接地故障类型，并对故障快速自动定位、就地隔离。同时利用高精度的时间控制，有效防止越级跳闸，保证自动隔离出最小的故障区域，有效解决架空线路保护选择性跳闸难题。

（7）就地式单相接地故障诊断。

通过传感器就地采集电压电流信号，利用高频度的采样频率，结合"暂态零序功率方向""零序电流""零序电压幅值"等暂态和稳态综合判据，不依赖通信和主站分析，即可就地检测单相接地故障，并能对高阻接地进行准确判断，适用于中性点不接地、中性点通过消弧线圈接地等多种小电流接地系统。

（8）定值管理及定值自动匹配。

具备就地、远方保护定值设置功能，在带电作业或特殊情况，可远方或就地投退重合闸、保护功能。并可形成科学的配电定值系统管理，提高了工作效率和质量。此外，还具备至少正反 2 套保护定值区域设定功能，当供电方式改变时，自动匹配反向保护定值，并以事件记录上报给主站。

（9）安装免调试、运行免维护。

1）安装免调试：厂内进行整机调试、整机准确度校准，减少成套设备现场调试工作，现场不产生多余的停电次数和停电时间（二次停电）。

2）运行免维护：采用免维护或少维护方式。同时支持控制电缆的热插拔以及终端整体的不停电便携快速更换，操作简单快捷，非专业人员即可进行。

4. 实施应用情况

2016 年起，HLD－ZW32 系列一、二次深度融合智能柱上开关产品投入市场，已在福建、浙江、冀北、江苏、陕西、河南、山东、四川等省级电网公司投入使用，且运行稳定、可靠，获得用户的认可。在福建、浙江等与南网沿海区域高温、高湿高盐雾环境条件类似地区运行可靠。

截至 2022 年 6 月，累计投运超过 8 万套，通过智能化的研判系统使智能柱上开关将短路故障研判准确率提升至 99％以上、单相接地故障研判准确率提升至 90％。将配电网线路的故障研判准确率、故障定位的精确度和故障隔离的有效率提升到一个较高程度。

5. 社会效益与间接经济效益

（1）减少故障停电损失。

通过该项目应用，可以实现精准单相接地故障检测，并且在线路发生相间短路和单相接地故障时，及时切除线路故障区段，保证正常线路区段供电。减少了故障区域停电时间，非故障区域正常供电，其停电区域将大幅减少，明显提高了供电可靠性。此外，由于实现了单相接地故障的准确选线与定位，使得因试拉闸选线造成的不必要停电也相应减少，这也降低了相关线路的停电损失。

（2）显著减少发生重大事故的隐患。

据统计，配电网中的重大事故大部分由单相接地故障引发。通过该项目的应用，实现分布式单相接地故障诊断，并且在线路发生单项接地故障时，能几分钟内完成线路故障区段隔离，可基本消除单相接地故障引发的配电网重大事故。

（3）减少运行维护成本、提高企业安全管理效率。

实现了精准单相接地故障检测，形成了完整的相间故障和单相接地故障的馈线自动化功能后，大大减少了运行维护的工作量。一方面减少了相关运行操作人员的数量，提高了线路维护工作效率；另一方面减少了出车次数，车辆配备和日常开支也可以相应减少。

此外，自动化程度的提高和工作量的减少，也大大减少了人身及设备的事故概率，使得安全管理水平大大提高。

成果案例 9：中压配电网接地故障保护技术的优化与提升

1. 背景

在我国中压配电网中，单相接地故障约占总故障的 60％～80％。目前小电流接地方式中压配电网的接地故障选线、定位、保护技术已经进入实用阶段，低阻接地故障保护达到初步的效果。但是中压配电线路经常发生非理想介质的单相接地故障，如树枝接触导线、导线跌落在沙地上等，过渡电阻一般较高，且伴随着间歇性电弧，即高阻接地故障和间歇性接地故障。对于高阻接地故障而言，故障电流小，故障特征不明显，现有装置很难可靠检测；对于间歇性接地故障而言，故障电压与故障电流变化剧烈，故障持续时间计算尚无明确标准，计时不统一，易出现装置误动和拒动。

项目针对上述问题，主要研究了小电流接地系统中高阻接地故障和间歇性接地故障的电气量特征，针对高阻接地故障和间歇性故障研究了故障保护方法，从而提高了保护耐故障电阻能力，解决了保护开关的误动拒动问题，在提高供电可靠性的同时减少了停电带来的经济损失。

完成单位：国网山东省电力公司泰安供电公司，国网山东省电力公司宁阳县供电公司。

完成人：宫德锋、杨雷、杨坤、乔东伟、杨燕。

2. 成果简介

以国网山东省电力公司科技项目为依托，以实现中压配电网小电流接地故障精细化保护为目标，项目从理论分析、协调配合、保护方法和现场应用展开研究。主要研究了小电流接地系统中高阻接地故障和间歇性接地故障的电气量特征，针对高阻接地故障和间歇性故障研究了故障保护方法。

（1）在对高阻接地故障的研究中，针对不接地系统和谐振接地系统均提出了相关保护方法，且暂态信息与稳态信息均得以利用，保护方法具有较高的准确性，基本不受故障初相角、故障距离等故障条件的影响。

（2）对于小电流接地系统接地故障熄弧后暂态过程的研究较少，该过程中包含了大量暂态信息，该暂态信息是系统结构的反映，通过对熄弧后暂态信息的提取和利用，可以提出间歇性接地保护的专用方法，因此该研究为接地故障保护工作提供了全新的切入角度。

该项目共获得授权发明专利 1 项，核心期刊发表论文 1 篇。研究成果已在泰安供电公司所辖道朗变电站进行了应用，应用过程中，实现了接地故障检测与保护功能，耐故障电阻能力超过 3000Ω，自投入运行以来，显著提升了接地保护的正确性和灵敏度，提高了供电安全性与可靠性，减少了非计划停电时间，提高了第三方客户满意度，降低了社会人员触电风险与火灾风险，实现经济性与效用的综合平衡。

3. 主要创新点

（1）小电流接地系统高阻接地故障分析与保护。

利用基于卡伦鲍尔变换的小电流接地故障全系统网络模型，在分析暂稳态故障电气量特征的基础上，提出了基于改进 Hausdorff 距离的谐振接地系统高阻接地故障选线方法。

Matlab/Simulink 仿真结果表明，基于改进 Hausdorff 距离的谐振接地系统高阻接地故障选线方法具有较高的准确性，特别是在过渡电阻大于 3000Ω 时，仍然可以正确选线，而且基本不受故障初相角、故障距离等故障条件的影响，能够正确区分线路故障与母线故障。

（2）小电流接地系统间歇性接地故障分析与保护。

利用覆盖故障全过程的小电流接地故障暂态等值电路，研究了熄弧、重燃阶段的故障电气量特征，分析了熄弧后暂态电气量对于多种选线方法的影响。

针对小电流接地系统间歇性接地故障，该项目利用覆盖故障全过程的小电流接地故障暂态等值电路，分析故障点工频电流熄弧后母线零序电压、故障线路和健全线路暂态零序电流等电气特征，研究发现：小电流接地系统的零序网络在熄弧后均存在衰减的振荡过程，不接地系统熄弧后暂态电气量主谐振频率小于 $10\mathrm{Hz}$，恢复时间约为 10 个工频周期以上，而谐振接地系统熄弧后暂态电气量主谐振频率略高于工频，恢复时间一般在 $5\sim10$ 个工频周期；对于故障相电压，不接地系统在故障相半个周期内即会出现较大的过电压，而谐振接地系统中，故障相电压缓慢恢复，且幅值一般较小，如图 4.26 所示。

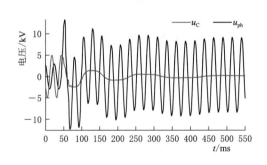

（a）不接地系统

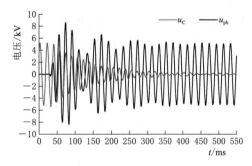

（b）谐振接地系统

图 4.26 小电流接地系统熄弧后暂态特征

然后分析了熄弧后暂态电气量对于多种选线方法的影响，分析表明：熄弧后暂态电气量极可能使暂态幅值比较法误选为健全线路，同时使极性比较法、功率方向法误报为母线接地故障。因此，在利用以上方法进行故障选线时，有必要准确判别熄弧时刻，保证仅利用接地故障熄弧前的故障信息进行选线；或根据熄弧后暂态电气特征，研究相应的选线方法以对常规选线方法进行必要的补充。

4. 实施应用情况

（1）项目提出的基于改进 Hausdorff 距离的高阻接地故障选线方法，在泰安供电公司所辖道朗变电站内试点应用，2021 年 10 月至 2022 年 5 月道朗变电站出线共发生单相接地故障 7 次，7 次接地故障发生后均实现正确故障选线和精确故障隔离，且与该方案应用之前的同期数据对比发现：本项目继电保护与配电网自动化系统的接地故障综合处理方案平均提高 14.29％故障隔离成功率，缩小 12.35％停电范围，此前故障平均定位时间约为 28min，应用后降至约 25min，减小 10.71％故障停电时间，取得了较为良好的实际应用效果。

（2）项目形成授权发明专利 1 项，核心期刊发表论文 1 篇，完善了中压配电网接地故障分析与保护的理论体系，有力地支持了现场运维检修工作的开展。

5. 社会效益与间接经济效益

中压配电网接地故障保护技术的优化与提升主要研究小电流接地系统中高阻接地故障和间歇性接地故障的电气量特征，针对高阻接地故障和间歇性故障研究故障选线、定位、保护方法，从而提升继电保护选线接地电阻适应范围；同时研究继电保护与配电网自动化逻辑配合，合理进行参数整定，在减少接地过电压对设备损伤的同时，大大降低了现场人员巡视压力，具有广泛的推广应用价值。

成果案例 10：有源配电网数字化驱动及多要素协同匹配关键技术及应用

1. 背景

河北省是用电大省，同时也是电力生产大省，据统计 2020 年全社会用电量占全国第五。目前河北省新能源并网占比达 35％以上，并且在国家"双碳"目标背景下，新能源占比还将进一步扩大，给电网结构和运行方式带来重大影响。例如，新能源发电因客观气候条件限制给电网带来了强间歇、大随机、强干扰难题，导致供需双侧不匹配，为电网科学调度和安全保障带来了巨大挑战。

有源配电网作为联结大电网与用户侧等"源网荷储"多能源要素的纽带发挥重要作用，而现有的配电网在多能要素特性感知和协同管控方面仍存在如下难题：①缺乏先进硬件对多元异构数据进行智能筛选和高效预处理，传送带宽未得到充分应用，数据采集处理及传送时间长、效率低；②有源配电网的数字孪生平台功能不全、业务场景自适应生成困难，所嵌入的孪生模型通用性差、复用率低；③新能源并入下有源配电网工作场景复杂，缺乏"源网荷储"动态失衡应急调控策略和协同调度智能算法，有源配电网自主化调控精度不足。

针对以上问题，开展提升有源配电网数字孪生水平，提高有源配电网"源网荷储"协同优化和灵活可靠运行的技术研究。项目组紧扣提高有源配电网运行经济性与稳定性、提升新能源消纳率的需求，攻克了上述难题，以开发"源网荷储"智能匹配优化算法为核心，研究云边协同的单微电网"源网荷储"功率匹配优化控制、多微电网功率匹配协同互济、配电网运行可靠性评估与优化和有源配电网设备、系统双层级的数字孪生管理应用平台建设等关键技术，并开展多场景下的技术应用。

完成单位：国网河北省电力有限公司，国网河北省电力有限公司电力科学研究院，华北电力大学（保定）。

完成人：杜晓东、何玉灵、王海朋、孙凯。

2. 成果简介

项目以新能源电力系统国家重点实验室、信息系统检测与安全技术研究实验室和国网公司科技项目为依托，以构建数字孪生配电网，实现有源配电网"源网荷储"动态匹配协同互动为目标，项目同时从边缘代理装置硬件研发、数字孪生软件平台构建、"源网荷储"协同先进算法开发、数据评价及风险防护四方面联合着手展开研究。

项目研制了支撑"源网荷储"协同互动的有源配电网综合边缘代理装置，促进多元数据的有效接入和多重复用；建立了有源配电网设备、系统双层级的数字孪生建模与管理平台，支持不同业务场景导入和万级以上数据并发，形成 PB 级数据规模和千万级特征的数据分析能力；研发了切实有效的"源网荷储"协调控制优化算法，给出不同场景下的"源网荷储"协同互动优化策略，解决了"源网荷储"互动性差、消纳不及时、潮流控制不强的问题；研究复杂系统软件测试建模、缺陷分析技术，探讨关键质量要素及评价指标权重，采用测试分析和应用改进结合的方法，实现对数据全生命周期的防崩溃、防攻击保护。项目成果已在雄安新区王家寨微电网实行应用和示范。

已受理发明专利 26 项，发表论文 11 篇，发布电力行业白皮书 1 本，制定电力行业标准 2 项、团体标准 2 项，构建了有源配电网数字孪生平台。项目成果已在雄安新区王家寨进行示范和应用，实现了配电网台区"源网荷储"多能要素的高效协同匹配。项目成果对支撑数字孪生电网的大规模发展与应用具有重要的现实意义。

3. 主要创新点

（1）研制了支撑"源网荷储"协同互动的有源配电网综合边缘代理装置。基于多智能体统一接入技术和多源异构数据的统一建模与融合技术，研制了国内首台支撑"源网荷储"协同互动的有源配电网综合边缘代理装置，可实现对单一台区、双台区互联、多台区互联等多种场景下有源配电网多元异构数据进行智能筛选和高效预处理，有效减少了海量物联数据的采集处理时间，大幅提升了数据处理及传送效率，为有源配电网孪生平台搭建提供了数据支撑。

1）多元物联数据的统一融合及终端应用装置。项目开发了具备电力协议自适应转换能力、新业态类、常规能源类、柔性负荷类数据统一建模及电网模型关联融合能力的边缘代理装置，如图 4.27 所示，解决了设备数据接入不统一、规约协议没有高效转换支撑、数据复用难等问题，更加直接可靠，具有一定创新性。

2）一种边缘代理网关。项目发明了一种用于对多个采集设备的多元异构数据的有效接入与存储的边缘代理网关，解决了有源配电网各部分设备及物联监测终端分布较广，相互独立，缺乏统一的采集通道及通信接口等问题，为有源配电网环境的稳定运行提供支撑。通过有源配电网与边缘代理网关协同控制，实现区域级多场景下新业态多源异构数据的统一调度与处理，解决了有源配电网设备数据接入不统一、规约协议没有高效转换支撑的问题。

（2）构建了新一代有源配电网数字孪生管理应用平台。构建了有源配电网设备、系统双层级的数字孪生管理应用平台，率先通过对单体模型管控、多体模型交互的技术规范统一，有效提高了孪生模型的通用性和复用率，实现了对业务场景自适应生成，有效支撑了孪生数据的同步交互演化及关键有用信息的及时反馈。

（a）边缘代理装置

（b）边缘代理装置

（c）综合机箱

图 4.27 综合边缘代理装置

1）数字孪生体一体化平台。项目开发了数字孪生一体化平台，如图 4.28 所示，具备算法模型、三维模型的构建、管理及应用能力，能够实现潮流计算、故障仿真等的电网仿真推演工作；开发了数字孪生微服务群服务，实现物管平台、企业级实时量测中心、数据中台等业务系统数据的贯通；对"源网荷储"数字孪生进行试点建设，实现了微电网的态势感知、协同优化及仿真推演，开发了趋势预测、协同优化和调控策略类典型人工智能算法，形成了具备微电网设备管理、微电网运营监测、微电网协同优化和微电网仿真推演四大场景一体的可视化场景建设。

2）一种多元物联数据融合与统一的数据处理方法。项目发明了一种多元物联数据融合与统一的数据处理方法，如图 4.29 所示，针对不同厂家、不同型号的感知层设备规范不统一，接入难和协议解析耗时长的问题，建立统一设备数据模型，实现设备统一模型、统一编码规范、统一通信协议，满足配电网场景化应用。针对有源配电网终端设备数据的接入与转发，实现了物联网云平台与储能、光伏等子系统的对接，实现了有源配电网数据采集处理和控制策略向物联网网关的下发。

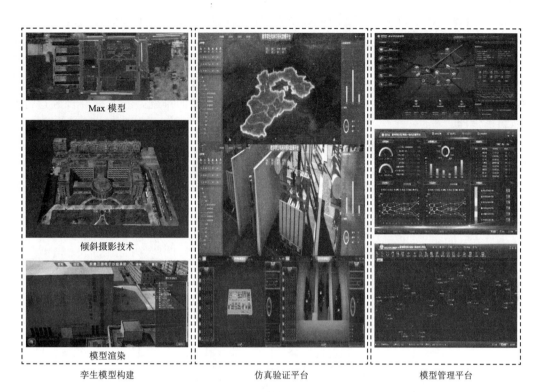

Max 模型

倾斜摄影技术

模型渲染

孪生模型构建   仿真验证平台   模型管理平台

图 4.28 数字孪生一体化平台

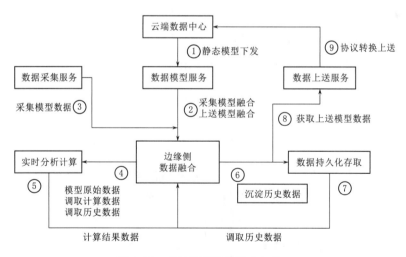

图 4.29 多元物联数据融合与统一

（3）提出了"源网荷储"跨区协同匹配方法及应急调控策略。明确了典型场景下随机模糊及"源荷"不确定对"源网荷储"动态匹配的影响及作用机制，率先研发了"源网荷储"协同规划及跨区互联网协同调度算法，提出了"源网荷储"动态失衡预防性控制及应急调控策略，解决了"源网荷储"多能源要素协同匹配滞后性强、自主化调控精度不足的问题。

1）一种基于改进粒子群算法的单台区功率匹配优化方法。提出了单台区内"源网荷储"功率匹配自适应优化方法，如图 4.30 所示，根据"源荷"预测结果、分时电价，综合考虑微电网用电与运维成本、环境污染、新能源消纳、线路损耗等因素，优化台区供电策略，调整新能源并网时序，合理安排蓄电池充放电时间、充放电功率，解决传统电网"源网荷储"协同匹配效果差、供电设备运维成本难以掌控的难题，有效提升台区运行经济性和稳定性。

2）一种基于改进布谷鸟算法的多台区协同匹配方法。提出了多台区间"源网荷储"跨区协同匹配的方法，如图 4.31 所示，根据配电网冲击性负荷对储能单元功率输出动态特性的要求，提出了多个新能源发电群的无功电压协调控制策略以及基于主从博弈的分布式储能及功率控制协同有功协调策略，采用实时数字仿真模拟新能源发电与分布式储能的主动支撑能力，解决了台区之间的功率匹配协同优化以及各微网储能的优化控制难题。

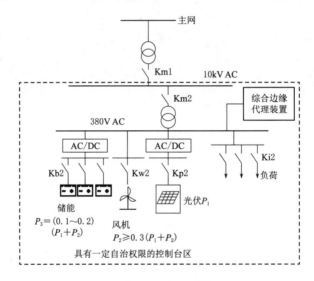

（a）单微电网"源网荷储"

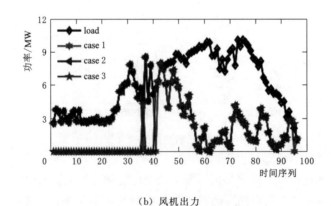

（b）风机出力

图 4.30（一） 单台区功率匹配优化控制

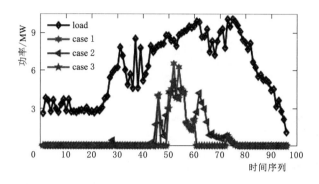

（c）光伏出力

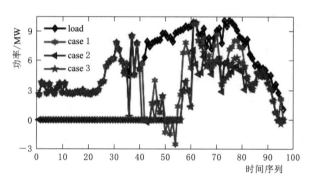

（d）主网购电

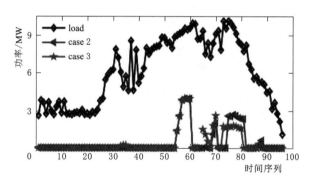

（e）蓄电池出力

图 4.30（二） 单台区功率匹配优化控制

3）一种计及源荷不确定性的有源配电网可靠性评估与优化方法。提出了含分布式发电的配电网可靠性评估方法，根据"源荷"预测结果，考虑由于"源荷"不确定性产生的预测误差，对预测结果进行场景划分与误差修正，实现了"源荷"不确定性的定量描述；考虑电网设备健康状态，以平均停电次数、平均停电时间、缺电量、新能源消纳率等为指标，对有源配电网运行可靠性进行评估；以停电时间最短和缺电量最少为目标，在保障重要负荷供电的基础上实现了源荷资源配置优化，是提升有源配电网运行可靠性的有效手段。

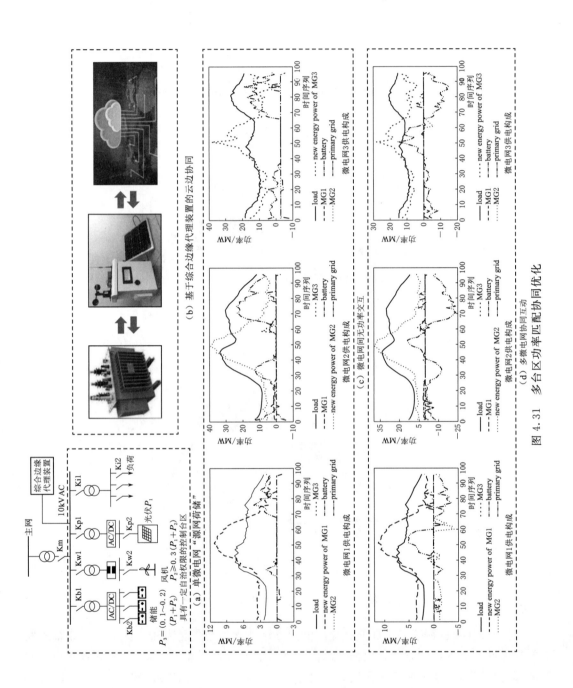

图 4.31 多台区功率匹配协同优化

（4）基于隐性关联的能源数据质量评价与防护技术。围绕面向有源配电网的能源数据产品质量分析改进和风险防护的关键问题，采用基于测试驱动开发（Test－Driven Development，TDD）的方法，研究复杂系统软件测试建模、缺陷分析技术，探讨了关键质量要素及评价指标权重，采用测试分析和应用改进结合的方法，实现对数据全生命周期的防崩溃、防攻击保护。

形成团体标准《有源配电网场景的数字孪生产品成熟度模型及评估方法》（T/HBIE 0001—2023），规定了有源配电网场景的数字孪生产品质量要求、评估指标、评估方法，适用于有源配电网场景的数字孪生产品的质量评估。构建有源配电网能源数据产品质量评价体系，依据数据需求调研表的反馈结果对实际场景开展试评估。研发了复杂动态演化数据系统缺陷自查技术，提出了有源配电网数字孪生平台大数据在数据发布、数据存储、数据分析挖掘、数据使用过程中的防崩溃、防攻击技术。

4. 实施应用情况

（1）项目研发支撑"源网荷储"协同互动的有源配电网综合边缘代理装置在雄安新区王家寨微电网实行应用和示范，该装置兼具协议自适应转换、数据统一建模能力，其端到端通信延时小于 10ms，可有效实现大规模海量多元数据的并行接入与复用，数据传输延时更小、数据处理能力更强，具有一定的先进性。

（2）项目构建的面向有源配电网的数字孪生管理平台，可实现多能源主体自动建模和各模型间群体自适应演化，改变了传统手工参数建模的方式，所建立生成的数字孪生模型仿真关键运行指标与实际误差小于 10%，模型的普适性更强、精确性和效率更高，具有较强的先进性。

（3）项目形成行业标准 1 项《数字孪生电网技术标准》，形成团体标准 2 项《有源配电网场景的数字孪生产品成熟度模型及评估方法》（T/HBIE 0001—2023）和《有源配电网场景数字孪生数据质量成熟度模型和评估方法》（T/HBIE 0002—2023），提升有源配电网数字孪生建设与评估工作的规范化水平。

（4）项目形成《电力设备数字孪生白皮书》，对多种电力设备数字孪生模型的构建给出流程指导和案例参考。

（5）项目相关成果应用于雄安新区王家寨绿色智能微电网工程，通过主动智能控制现代配电网中的各种可控资源，解决了高渗透率分布式电源接入配电网后引起的随机、间歇、波动、难以控制等问题，实现了电能占终端能源消费比重和分布式能源消纳率显著提升的目标。离网运行时全村最长可连续运行 38.37h，年户均停电时间将减少 80%，每年可减少燃煤 2080t，减少二氧化碳排放 5184.4t，为雄安新区数字化主动电网建设提供实践经验。

5. 社会效益与间接经济效益

（1）提升经济效益。通过"源网荷储"协同优化和数字孪生功能场景的搭建，提供未来分布式能源灵活接入形态、先进运行控制技术，有利于促进分布式能源的接入与消纳，提高配电网运行经济性和稳定性，降低电网运行和维护成本，保证系统经济可靠运行，保障高质量供电需求，数字孪生配电网成为中国能源变革的重要举措。

（2）有效提升社会能效。项目减少因弃风弃光而造成的能量损耗，提高了分布式新能源接入的经济性，同时提升配电网互联互济和柔性调控能力，最大化提高可再生能源的消纳率。有效减少电煤使用量，环境效益显著，降低全社会用电成本，对全社会能效提升具有重大意义。

（3）提升电网管理效率。通过数字孪生电网的建设，将空间信息、物联网应用与动态的数据信息相结合，形成 3D 模式下的综合管理，实时查看重要数据与信息，实现停电信息实时更新，故障情况及时预警，及时通知管理、运维人员，协助运维人员找到最佳的解决方案与解决思路，保障电网健康运行，有效提升供电质量，进一步实现"以客户为中心"的服务要求，为社会和客户提供更优质的服务。同时，通过三维模型直观展示相关信息，大幅提高电网的管理效率。

成果案例 11：接地故障快速处置一体化断路器研究与应用

1. 背景

根据配电网数据统计，10kV 配电网中单相接地故障最为频发，80％的配电网故障为单相接地故障或由单相接地故障处置不及时而引发的线路故障。目前国内 10kV 中性点非有效接地配电网系统接地故障处置有两种常用方案：①故障后变电站小电流选线装置保护跳闸，线路配电自动化断路器失压分闸后依次启动电压型自愈逻辑，合于故障后变电站小电流选线再次跳闸，线路配电自动化断路器设定时间内失压分闸，闭锁合闸隔离故障；②故障后变电站小电流选线装置保护跳闸，线路配电自动化断路器失压分闸后依次启动电压型自愈逻辑，合于零序电压突变分闸，闭锁合闸切除故障。这两种方法均可对接地故障进行隔离，但存在以下问题：

（1）扩大故障影响范围。通过变电站小电流选线装置切除整条馈线，再配合配电自动化断路器重合闸隔离线路故障，扩大了停电范围，影响了非故障区域的用户。

（2）配电自动化断路器频繁动作，给用户设备带来冲击。变电站小电流选线装置切除接地馈线后，需要配电自动化断路器按照电压型自愈逻辑依次重合隔离故障。断路器频繁动作，增加了机械故障概率；重合闸也给专线用户设备带来冲击，容易引发投诉。

（3）故障电弧有引发山火隐患。为了兼顾馈线运行稳定，变电站小电流选线装置故障跳闸延时整定为 6～10s。在干燥林区，安培级的接地电流持续 2～3s 即可引燃枯树枝，接地后若不快速处置，有生产安全隐患。

（4）现有的配电自动化成套断路器（2 台三相五柱式电磁互感器＋断路器＋FTU 型式）部件多，现场安装复杂，各部件单独接线工作量大、易出现接线错误；配电自动化断路器的重量大于 500kg，需双杆或铁塔架设，建设成本高；无法满足带电接引条件，停电计划时长增加。

接地故障快速处置一体化断路器由自取能式断路器本体、智能控制终端与一根航空级全屏蔽电缆组成，适用于三相交流 50Hz、额定电压 10kV 及以下配电系统架空线路的运行监控与故障就地处置。自取能式断路器采用一体化设计，搭载电容取能单元、电流传感器、电容分压式电压传感器。电容取能单元为智能控制终端提供运行需要的电能；电流/电压传感器组进行三相电流、三相电压，零序电流及零序电压等电气量高精度采集。

本产品不仅具备遥测、遥信、遥控、过流故障检测与隔离、就地馈线自动化等常规功能，同时可准确研判 10kV 配电网系统不同中性点接地方式下多类型单相接地故障（金属性接地～10kΩ 级高阻接地、间歇性弧光接地、断线接地等），满足接地故障就地快速精准处置的需求，有效解决生产一线面临的单相接地故障、断线故障、相继故障处置难的问题，适用于山区、林区山火防控以及接地故障频发的配电网线路。

完成单位：南网云南电网有限责任公司红河供电局，西安兴汇电力科技有限公司。

完成人：董昊、颜家亮、崔军、朱国福、郭琳云、侯勇、甘兴林、鞠长龙。

2. 成果简介

配电自动化成套断路器是提升供电可靠性的核心设备，现有的配电自动化断路器在安装、运行时主要存在以下问题：①现场安装开关、2 台 PT，接线复杂，人力、时间成本大，于经济性不佳；②线路上铁磁 PT 有发生谐振的安全隐患，影响供电可靠性；③接地检测研判逻辑算法单一，接地故障检出率较低，扩大故障停电范围。

本项目依据配电网需求现状，依托南网云南电网有限责任公司红河供电局科技创新团队，开展基于有限元仿真的一体化设计、电容取能技术、接地故障综合研判分析技术等技术研究，研制了接地故障快速处置一体化断路器，实现了安装简单、运行安全、故障快速隔离。

获授权发明专利 4 项，实用新型专利 12 项，外观专利 3 项。于 2022 年 9 月通过新产品鉴定，广东省机械行业协会鉴定委员会认为"该产品整体达到国际先进水平，在接地故障快速处置一体化断路器结构设计方面达到国际领先水平"。

项目解决了"PT 体积大、接线复杂、对安装位置要求高、易发生铁磁谐振、不能直接带电搭接引流线等"影响高效带电作业的瓶颈问题。项目成果对支撑配电自动化高效带电作业，配电网接地故障准确处置具有重要的现实意义。

3. 主要创新点

（1）电容取能技术。利用成熟电容取能技术，研制积小、低负载电源，有利于进行一体化融合设计；电容取能工作电流单相小于 10mA，带电作业时可直接带电接引，不必加装消弧装置，提升了现场施工的效率。

（2）基于电场场强分布均匀原则进行一体化设计，如图 4.32 所示。一体化设计将取能单元、高精度传感器及开关本体融合，结构更加紧凑，安装更加便捷。高压部件的布局会影响电场强度分布，场强分布不均，复杂的电场环境容易出现绝缘问题和局部放电问题。在高压运行环境下，关键部位的局部放电会不断蚕食部件绝缘，随着时间推移会造成绝缘损坏、导致部件击穿。借助有限元仿真手段，建立模型，进行场强实验，找到将各个高压部件一体化设计的最优位置，电场均匀分布，整机局放小于 10pC，确保设备长期运行的稳定安全。

（3）研制了基于电子式互感器的自适应多量程前置通道。采集精度将在很大程度上影响故障研判逻辑算法是否正确高效运行，提高检测动态范围和检测准确度是极为关键的。配置 1 组高精度、宽范围的电压传感器，采集 U_a、U_b、U_c、U_0 电压信号，精度达 0.5 级；配置 1 组高精度、宽范围的电流传感器，提供 I_a、I_b、I_c、I_0 电流信号，精度达 0.5S 级。保证 50mA 零序电流下的比差不大于 ±10%、角差 ±60′，有效提高了高阻接地故障检测能力。

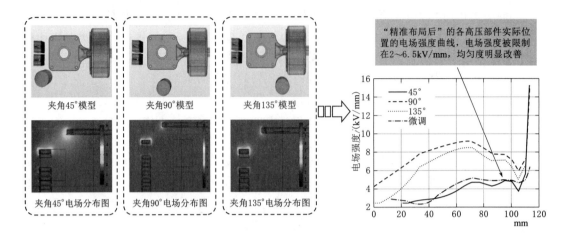

图 4.32　基于电场场强分布均匀原则进行一体化设计模型图

（4）提出基于特征量融合的接地故障研判方法。在保证了采样精度的前提下，搭配合理高效研判逻辑算法是故障快速检测的关键因素，进行故障暂态量与稳态量理论技术研究，给出融合暂态量的首半波法、相电流突变和基于稳态量的功率积分法等单相接地检测算法理论，通过海量实录波形训练获得各种方法的融合系数，有效提高了高阻接地（抗过渡电阻能力不小于 10kΩ）检测能力。

（5）提出了一种重合闸防误判方法，综合电气稳态特征校验，防止重合暂态过程引起的误判，提高了重合闸正确率。

4. 实施应用情况

2022 年 6 月至 2023 年 2 月，红河供电局创新团队将研发成果在下辖 2 个区县局（红河蒙自供电局、红河绿春供电局）试点安装，西安兴汇电力科技有限公司现场配合开展调试，共在 7 条线路上安装接地故障快速处置一体断路器 8 套。具体为：红河蒙自供电局 4 套，分别安装在 35kV 响水河变 10kV 椅子山线、35kV 增新变 10kV 月白白 043 线路、35kV 草坝变 10kV 搬迁农场线；红河绿春供电局 4 套，分别安装在 35kV 大水沟变 10kV 大水沟线路 075 线、110kV 绿春变 10kV 岩甲线 069 线路、110kV 绿春变 10kV 马宗线 051 线路、35kV 牛孔变 10kV 牛孔线 053 线路。通过 7 个多月的运行跟踪，共计研判故障 27 次（其中 4 次为接地故障就地跳闸，21 次为接地故障告警，1 次为速断故障就地跳闸，1 次为三相严重不平衡）。通过现场故障情况，核对故障信息，全部研判正确，无误判漏判情况，接地故障研判准确率为 100%。通过实景验证了该产品安装便捷性、运行稳定性及故障就地研判与处置能力。

5. 社会效益与间接经济效益

接地故障快速处置一体化断路器具有一体化设计，结构紧凑美观、安装快捷简单等明显优势，尤其适用于山区、林区等故障频发的 10kV 配电网架空线路，主要优点如下：

（1）体积小，重量轻，安装调试便捷，一体化设计便于单杆架设，降低施工成本，减少了安装调试的人力投入；较传统方式不仅可降低架设的施工成本、材料成本，也可大幅降低单台安装的人力成本。

（2）高精度传感器线性度好、采集精度高（0.5S级），为智能终端故障感知与精准研判提供高质量数据支撑；高精度传感器技术是传统CT/PT的替代技术，体积更小、功耗更低；高电容取能技术，杜绝了谐振的风险，适应高效带电作业的要求；高压电容单元采用电容分压、低功耗运行，相比于传统互感器，更加环保节能。

（3）基于有限元电场仿真设计，确保高压部件处在均匀的场强中，使整机局放不高于10pC，确保设备可长期稳定运行，保障配电网建设投资效益最大化。

（4）接地故障就地快速精准隔离。可以更精准的研判线路故障，尤其是接地故障并快速隔离，确保了健全线路的供电，保障供电可靠。在提升用户用电体验的同时，降低接地故障引发停电给供电单位带来的经济损失。

（5）断路器为支柱式空气绝缘，没有使用SF_6等非环保气体。传感器技术的应用，节省了大量用于制造CT、PT的铜和铁，让该产品的整个制造链环保节能，适应绿色科技的发展趋势。

4.2　信息化成果

成果案例12：电力物资共享柔性储备与网络协同调度关键技术及应用

1. 背景

电力物资是电力基础设施正常运转的基本保障。近年来，随着市场竞争环境越来越严峻，电力物资区域规模量级持续提升，降本增效要求越来越高，电力物资传统管理模式难以满足区域电网发展要求，面临四项挑战：

（1）电力仓储设备统一控制及作业自组织调度如何实现。传统的电力仓库作业组织方式依靠人工经验进行操作，作业安排非最优，作业执行易发生冲突，执行效率低；且作业设备协议不相兼容，跨系统、跨类别设备的业务协同能力受限，难以高效执行电力物资仓储业务。

（2）电力仓库数字化精准同步和调配优化如何解决。当前仓库监管从单一仓库出发，以人工巡检和定点视频监控为主要手段，人工成本耗费大，无法实现精准同步，安全保障成效低，且功能价值单一，不能为实际业务提供管控优化能力。

（3）电力物资全域协同存储如何实现。当前电力物资存储以单一仓库为中心，未综合考虑区域内的仓库条件以最大程度利用区域内仓储资源，降低运营成本，缩短供应周期，阻碍了电力物资的供应可靠性。

（4）电力物资区域共享如何解决。传统电力物资分配业务开展着眼于项目订单采购物资，项目间、订单间电力物资难以共享，造成库存积压；且物资调配利用考虑维度单一，阻碍了电力物资应急调配，不利于提升电网物资保障能力。

获奖：2022年度电力科技创新奖二等奖。

完成单位：国网江苏省电力有限公司，江苏电力信息技术有限公司，南京理工大学，云境商务智能研究院南京有限公司，国网电力科学研究院武汉南瑞有限责任公司。

完成人：丁一、冯曙明、陶加贵、成义新、金卓、尤伟、张震宇、杨永成、赵恒、宋港波。

2. 成果简介

在国家科技部国际合作专项和江苏省产学研等项目支持下，立足自主创新，历时 9 年"产学研用"紧密融合，项目聚焦电力物资管理中存在的业务痛点和技术难点，首次构建了电力物资仓储共享网络平台。电力物资仓储共享网络平台是基于虚实互联技术实现对于区域内所有仓库的可视化统一管控，将具有三维数字模型的信息拓展到物资仓储管理的全业务应用场景中，并结合机器学习、深度学习、物联网技术等创新成果实现区域内电力物资智慧化调配管理，充分保障电力物资供应及应急调配。

项目获发明专利授权 13 项，软件著作权 5 项，发表论文 11 篇（其中 SCI/EI 论文 4 篇）。经潘垣院士领衔的专家组鉴定认为"项目整体达到国际领先水平"。

项目成果在江苏、湖北、山东等 25 个省市电力公司 80 多个电力物资仓库应用，提升物资周转率由 4.5 次/年提升至 6.6 次/年，降低库存 58 亿元，通过技术升级的方式整合兼并仓库 20 个，减少占地 13 万 m^2，仓库利用率提升 260%，实现节支及销售产值约 9.2 亿元，有力保障了国家蓝天工程、双碳建设对电网物资优化供应，支撑郑州暴雨、盐城龙卷风等恶劣天气电网恢复的应急供应，促进供应链技术的快速进步。

3. 主要创新点

（1）首次构建了面向电力物资仓储的"时-空-业务"语义关联树模型及多协议融合交互模型，提出了作业能力服务化封装及组合方法，解决了"时-空-业务"结构化组织机理缺失、业务执行环节衔接代价高、仓储自动化设备协议不兼容等难题，实现仓储自动化设备跨系统"即插即用"及时序统一调度，仓储业务执行效率平均提升 11%。

1）首次构建了全时空全要素互联的"时-空-业务"语义关联树模型。本项目梳理并融合仓储作业时间、设备属性、位置属性、物资属性、电气属性等"时-空-业务"数据，构建了全景全要素的仓储时序关系字典，建立了以仓储传感终端为核心的"时-空-业务"语义关联树模型，研制了基于仓储时序感知数据流的关联搜索引擎，实现了作业流程毫秒级查询，推动了全仓储业务高效执行，其准确率达到 98%。

2）构建了基于作业能力的服务化封装方法和赋时工作流的可配置应用层多协议融合交互模型，如图 4.33 所示。针对电力仓储"搬-运-存"作业组织效率低、业务执行衔接代价高及设备利用率不高的问题，构建基于事件驱动的调配逻辑自动生成机制及满足时序约束的仓储业务调度工作流编程方法，率先完成电力仓储系统业务调度命令感知、执行、反馈、PID 调节、参数辨识等典型功能的服务化封装和服务化可组合的仓储调度控制逻辑开发模式，建立多协议融合交互模型，研制仓储自动化设备嵌入式调度控制器。以业务需求驱动"时-空-业务"语义关联树模型生成服务组合策略，通过调度控制器统一调控仓储自动化设备，实现了装卸、搬运、传送等全部仓储自动化设备跨系统即插即用与时序统一调度，实现了服务封装基于内容压缩率 45%、基于句柄压缩率 90%，仓储业务执行效率平均提升 11%。

（2）发明了复杂电力仓库的多维多尺度单体化模型，提出了仓储系统快速构建方法，突破了多维融合电力仓储系统快速构建方法，构建了面向多级仓储协同与区域调度智能化的电力物资仓储共享储备网络调度平台。实现多维信息融合误差降低 30%，建模效率提高近 5 倍。

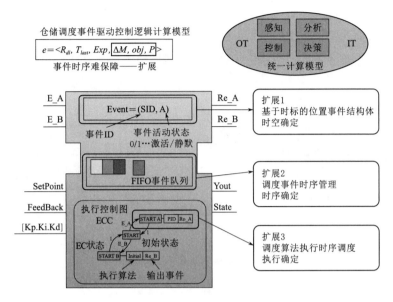

图 4.33 可配置应用层多协议融合交互模型

1）提出复杂电力仓库的多维多尺度单体化模型快速构建方法，如图 4.34 所示。针对传统电力设备建模过程中细节易缺失、精度不够、效率低下等问题，通过建立多特征约束下局部结构引导的三维数据高精度重构优化模型，设计动态先验驱动的高效优化求解方法，将复杂电力设备空间几何与拓扑结构重构难题转化为三维数据高维子空间协同、聚类及动态先验识别与规划问题求解，实现了多维多尺度复杂结构电力设备的高精度三维模型重构，比传统的电力设备手工建模方法精度提升 40%，效率提高近 5 倍。

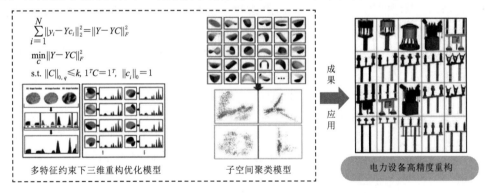

图 4.34 复杂电力仓库的多维多尺度单体化模型快速构建

2）提出了基于数据驱动的多维融合电力仓储系统快速构建方法，如图 4.35 所示。针对传统电力仓储系统构建方法在处理大型电力仓库数据时效率低且精度易受人为因素干扰的问题，提出一种基于组件自适应自匹配的三维测量数据快速重建技术，从几何、物理、行为、规则、约束等维度对物理空间中各类型电力设备进行数字孪生虚体建模，设计虚体模型与实际测量数据高维特征描述向量，基于深度度量学习度量特征向量之间的相似性，对实际仓储过程各种电力设备与虚体模型进行关联、组合与集成，形成全要素互联的、具有高保真度的智能仓储信息空间模型，实现多模态、多尺度的"几何-物理-行为-规则-约束"多维融合电力仓储系统。相比于传统的电力仓储系统构建方法，多维信息融合误差降低 30%，整体系统构建效率提高近 10 倍。

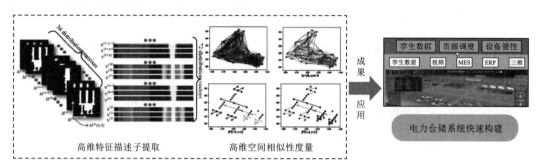

图 4.35　基于数据驱动的多维融合电力仓储系统快速构建

3）构建了基于数字孪生的电力物资仓储共享网络平台。电力物资需求分布广泛、供需时空分布不均、应急响应需求多等现象为资源储备的优化配置及快速调度带来极大压力，依托多维融合电力仓储系统快速构建方法，结合"时-空-业务"语义关联树模型，构建了电力物资仓储共享网络平台，并基于距离、道路、电力生产特征等多源因素耦合学习确定物资存储及配送方案，实现物资级、系统级的电力仓储物料协同管理，减少库存量与仓储占地面积 10%，降低配送过程响应时间 50%，减小物料配送错误率 80%，为电力仓库智能化调度技术的实施提供支撑与保障。

（3）首次建立了电力物资仓储网络存储决策方法。提出了基于"需求-资源"区间的协同拍卖策略，构建了 Advanced-CFLP 多维动态精细化仓储网络评价模型，实现了货位级海量数据的群智计算，解决了电力物资存储区域化明显所导致的存储资源协同性不足的问题，实现了仓储利用率提升 46%，网络运营成本下降 9%，平均库存金额压降14.8%，库存周转天数缩短 10 天。

1）提出了基于"需求-资源"区间的协同拍卖策略，如图 4.36 所示。针对电力物资存储区域化明显所导致的存储资源协同性不足的问题，提出了基于"需求-资源"区间的协同拍卖策略，设计了"物料-货位-仓库-网络"多层次递归控制架构，提出了基于合同网络的自组织协商交互机制，实现了跨地域仓储资源基于仓储网络评价模型的自主分配协作，输出全局物资存储仓位集，实现了仓储资源柔性配置及高效利用。

2）构建了 Advanced-CFLP 多维动态精细化仓储网络评价模型，如图 4.37 所示。提出了物资供应保障水平最优、仓储物流成本最低的目标约束，以及仓库库容能力、作业能力等条件边界，构建了 Advanced-CFLP 多维动态精细化仓储网络规划模型，设计了具有网络集约效应的库存持有成本子模型和具有管理规模效益的动态运营成本子模型，建立了形成"物料-货位-仓库-网络"链路映射关系，实现了货位级海量数据的群智计算，通过一次运算评估全局物资存储策略集，获取最优电力物资存储策略，实现了仓储利用率提升 46%，网络运营成本下降 9%，平均库存金额下降 14.8%，库存周转天数缩短 10 天。

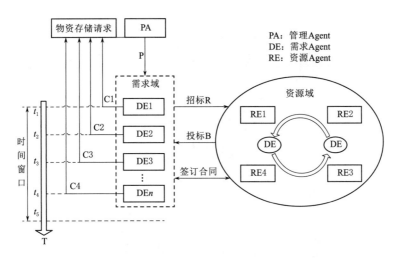

图 4.36 基于"需求-资源"区间的协同拍卖策略

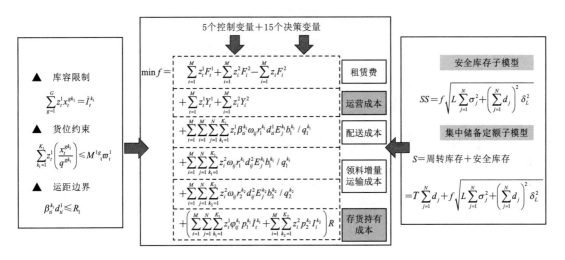

图 4.37 Advanced-CFLP 多维动态精细化仓储网络评价模型

（4）首次构建了面向多电力物资需求的多供应点协同保障综合决策方法。提出了全量实物资源多组合最优利库方法，提出了面向应急供应预测的深度学习模型，实现了多目标下全范围内实物资源与供应需求的最佳适配以及应急抢修条件下资源调配最优供应，应急响应时效提升 41%。

1）提出了全量实物资源多组合最优利库方法。针对物资供应需求与实体库存一对一单线匹配的现象，构建了复杂条件制约下的全域实物资源全量利库匹配模型，提出了基于多目标的最优利库方案分层求解算法，实现了需求集和库存集最优匹配，实体库库存积压占比由 16.85% 降至 12.37%，在途订单积压占比由 18.79% 降至 14.7%。

2）提出了面向应急供应预测的深度学习模型，如图 4.38 所示。针对多供应点与多需求点应急物资调运过程中优化目标不够完善及决策模型普适性不强的问题，提出了面向应

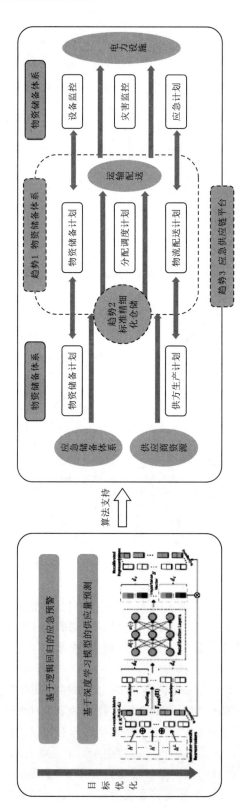

图 4.38　面向应急供应预测的深度学习模型

急供应量预测的深度学习模型，依托"物料-货位-仓库-网络"链路映射关系数据，结合仓储业务语义与应急物资实际需求，综合考虑供应紧急程度、供应满足程度等目标约束进行迭代计算，获得最优应急供应方案，应急响应时效提升41％，实现了电力应急事件精准快速响应，提升了电力物资应急保障水平。

4．实施应用情况

项目成果在电力物资仓储管理领域得到广泛应用。

（1）项目成果整体应用于江苏电力物资仓储管理，支撑建成了全域电力物资柔性共享仓储网络体系。目前，智慧仓储孪生网络平台已接入仓储自动化装卸搬运设备40余种，涵盖江苏电力所有自动化设备类型，实现物资出入库320余万次/年，工作效率提升60％，仓库利用率提升260％，仓库容量间接提升260％，累计产值超9.2亿元。

（2）项目成果研发的各类技术方法及系统平台于2019年在江苏现代（智慧）供应链现场会发布，受到各级领导及与会人员的关注和好评。相关成果推广应用于山东、福建等全国25个省市电力公司80多个电力物资仓库，实现了仓储自动化设备跨系统统一调度、物资存储货位智能最优决策、全量实物资源跨区域协同共享，大力提升了仓储作业的组织效率以及货位资源和实物资源的利用率，物资周转率较传统模式提升50％，实物库存物资金额下降30％。

项目成果大力提升了电力物资精益化管理水平，随着电力物资区域规模的持续提升和降本增效要求的不断提升，未来国家电网有限公司将持续建设共享柔性仓储网络，并逐步推广至其他网省公司和其他行业的仓储管理领域，应用前景广阔。

5．社会效益与间接经济效益

该项目改变了电力物资仓储传统作业方式，创新业务模式，有效提升了电力公司仓储管理水平，并对其他行业仓储管理具有借鉴意义。

（1）保障电力供应，降低企业成本。促进资源区域共享，减少积压订单，物资存取率大幅提升，物资存取效率提高约100％，保障应急物资和急需物资供应的及时性，提升客户满意度，节约电力抢修时间，保障电力供应，降低了其他企业停产损失。

（2）资源全局统筹，提高应急响应能力。全局统筹仓库资源，合理规划物资存放区域，灵活开展物资流转，实现对仓库的实时可视化管控，提高对防灾抢险、旱涝等自然灾害的响应速度，保证国家财产和人民生命财产安全。

（3）创新业务模式，加速产业升级。使用自动化设备，运用仓储孪生平台，有效降低了劳动强度与节省人力成本，提高了工作效率，丰富了库存物资管控手段，改进了仓储工作方式，促进传统仓储向无人仓储迈进，加速产业升级。

（4）仓储自动化作业，保障安全生产。高频实时的作业降低了物资存放潜在的安全风险，更好地保障库存物资账卡物一致，确保国有资产不流失。智能化、自动化以及信息化的管控手段，提高了库区重要物资的管控，减少作业过程中登高等危险作业，确保人身设备安全，保障了生产安全。

成果案例13：基于大数据的分布式能源发展规划关键技术与实践

1．背景

为贯彻落实"双碳"目标，2021年9月22日中共中央、国务院印发《关于完整准确全面贯彻新发展理念做好碳达峰碳中和工作的意见》，要求加快新型电力系统构建，严格控制煤炭消费增长，到 2030 年中国非化石能源占一次能源消费比重将达到 25％左右。针对具体目标，国家发展改革委、能源局等相关部委印发《"十四五"现代能源体系规划》（发改能源〔2022〕210 号），要求针对新能源产业做整体布局，优化规划设计方法，开展线上并网、补贴流程管控，进一步完善能源消费总量和强度双控制度，重点控制化石能源消费。

在以新能源为主体的新型电力系统建设和可再生能源消纳责任的双重目标下，系统的电源结构、场站分布、管理与运行方式都将发生重大变化，如何在保证电网运行安全稳定的前提下促进分布式能源科学发展，面临新的挑战。

为加快推进分布式能源发展，项目依托云平台、大数据构建应用，通过数据共享融通，全面实现分布式能源全过程管理信息化。接入各类发电运行、交易、财务等数据，在对数据进行异常处理后，汇聚形成稳定多元大数据源，以此为基础实现场站运行状态监测，以及并网、补贴申请的多用户全流程线上统一管控，利用 BP 神经网络等大数据分析方法开展规划储能促消纳。开展新型电力系统下的电源、电网规划，对于保障电网安全稳定运行，提高新能源消纳率，缓解电网弃风弃光问题，提高电网运行的经济效益具有重要的实际意义。

获奖：2022 年度电力科技创新奖二等奖。

完成单位：国网辽宁省电力有限公司信息通信分公司，安徽继远软件有限公司。

完成人：苏安龙、乔林、窦文雷、刘育博、佟永吉、李伟、宋卓然、王丽霞、朱洪波、李冬。

2. 成果简介

项目针对缺少通过信息化手段实现分布式能源产业全流程管控的问题，开展了基于大数据的分布式能源发展规划关键技术研究，将新一代信息技术与新能源全价值链、全产业链、全生态圈业务深度融合，研发数据异常处理、高效交互、安全稳定汇聚方法，以及系列规划设计模型，确保新能源的高效利用以及电网运行的经济安全。立足于服务国家能源安全、服务能源转型、服务绿色发展、服务构建以新能源为主体的新型电力系统，建立"全环节、全贯通、全覆盖、全生态、全场景"的开放服务体系。

该项目已获得授权发明专利 2 项，出版学术专著 1 部，发表核心期刊论文 22 篇。经江苏省科技查新咨询中心对项目成果进行查新，结论为：相关技术在国内外相关文献中未见报道。该项目成果已在辽宁电网 14 家地市公司成功应用，建成了覆盖"源网荷储"全业务流程的新能源监测、分析体系，形成核心数据资产，充分发挥了大数据技术在规划计划中的积极作用，实现了新能源发展由"促消纳"向"消纳与发展并重"的转变，引导新能源合理布局健康发展。

3. 主要创新点

（1）提出了电网系统数据异常处理与旁路捕获同步方法。通过技术创新，解决了源端、传输过程中数据空值、异常值的问题，实现了电网大规模数据高质量提升。

1）针对源端采集过程中存在的数据缺失问题，提出了基于迭代 KNN 和插补优先级的数据缺失值插补方法，构建优先级判断模型，利用 XGBoost 集成分类器训练历史数据，输出平均增益和平均覆盖度，通过归一化处理，计算各数据与类别标签间的关联，得到插补优先级，并对缺失值进行迭代差补直至收敛，最终完成填补，保证数据在采集源端的完整性。

2）提出了电网系统数据旁路捕获方法，部署旁路服务器并设置混杂模式网卡，设计包过滤算法，从全部数据包中过滤捕获与 MAC、IP、端口号相匹配的应用数据，通过旁路服务器根据分片和偏移信息对数据进行重组，实现旁路完全捕获。

3）提出了电网系统数据同步方法，综合考量数据量、带宽、网络时延等因素，设计基于内容的数据分块算法，缩短数据处理时间。突破了基于数据特征量和偏移量的填充技术，利用 MD5 校验码判断数据准确性，通过偏移量计算填充位，实现错误数据的覆盖，保证数据在网络传输过程中的准确性。上述在采集、传输端的异常数据处理方法，与目前主流方法相比，时间效率提升了 32.2%、空间节约了 42%。

（2）提出了基于云平台的安全稳定存储和大规模矢量图形处理方法，如图 4.39 所示。通过技术创新，突破仅依靠关系型数据库存在的数读取及写入时间长、数据处理的可扩展性差等难题，提升线上流程处理效率；同时，依靠时空引擎提供的网格模型、时空轨迹模型以及点云模型，为场站监测、建站选址、规划设计提供大数据分析和指导。

1）项目提出了电力系统安全稳定分析数据存储方法，设计了存储、管理、服务相分离的安稳机制。在存储方面通过企业级云平台提供的 HDFS、HBase、MySQL 和 Redis 等多种数据类型实现适应性安全存储，同时设计数据访问控制优化调度的管理方案，设定探索访问频度值与预设阈值间的对应关系，通过最短路径映射，为高低频数据的存取提供优化调度。形成多元数据源，实现数据高效读写、存储，保证分布式项目补贴审核等相关流程的精益管理，也为场站全景展示提供高效交互方式。目前已实现并网、补贴申请的全线上处理，完成辽宁地区 464 个风电、光伏项目的补贴审核工作，累计节约 6032 人/天。

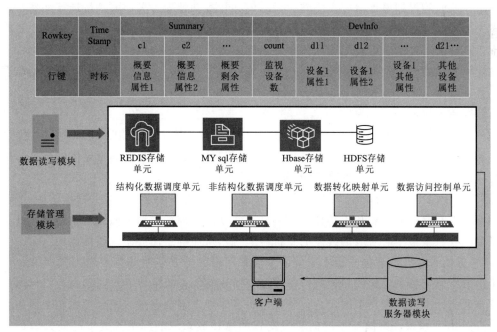

（a）

图 4.39（一） 基于云平台的安全稳定存储和大规模矢量图形处理方法

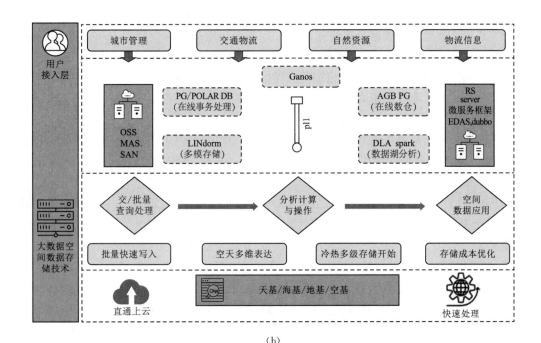

（b）

图 4.39（二） 基于云平台的安全稳定存储和大规模矢量图形处理方法

2）提出了基于时空引擎的大规模矢量图形处理技术，针对新能源场站基于 GIS 的全景展示、监测和规划设计需要，突破空天多模并行查询处理、分布式并行计算加速、在线动态处理等关键技术。以形成的多源数据源为基础，建立数据一体化管理、快速交叉融合查询、高效分析处理和可视化支撑体系，提取多元数据源中的三维坐标、运行数据等，构建高效的时空索引、空间拓扑几何、遥感影像处理等算法，实现辽宁地区 351 个新能源场站多维度展示、全方位监测，助力规划设计。相比主流地理信息系统，在相同数据规模下，处理速度提升 26％。

（3）提出了基于 BP 神经网络的分布式储能选址定容方法，如图 4.40 所示。通过技术创新，以云平台算力为支撑，综合历史大数据，分别为储能系统确定最优的选址、定容方案，通过场站规划设计，促进新能源消纳。

1）项目提出了综合配电网网络损耗的储能系统最优选址方法，以并网点输出的有功、无功功率以及网络的有功和无功损耗为基础，建立网络损耗模型，通过不断迭代，计算总网络损耗收敛至最小时对应的线路的感抗和阻抗，从而确定储能系统最优选址。

2）提出了综合能源损失成本的储能系统最优配置方法，考虑风电出力随机性，建立基于出力不确定场景的鲁棒自适应数学模型，实现储能系统配置容量值约束。以风电机组鲁棒自适应动态可调度功率输出，代替风电机组短期发电预测值，综合考虑每个风力发电机组最差出力场景，将储能系统的容量配置问题转成求取能源损失成本的最大一最小问题，更为准确地确定储能系统的最优容量，优化场站规划。运用该技术，已完成近 100 万 kW 分散式风电储能规划。

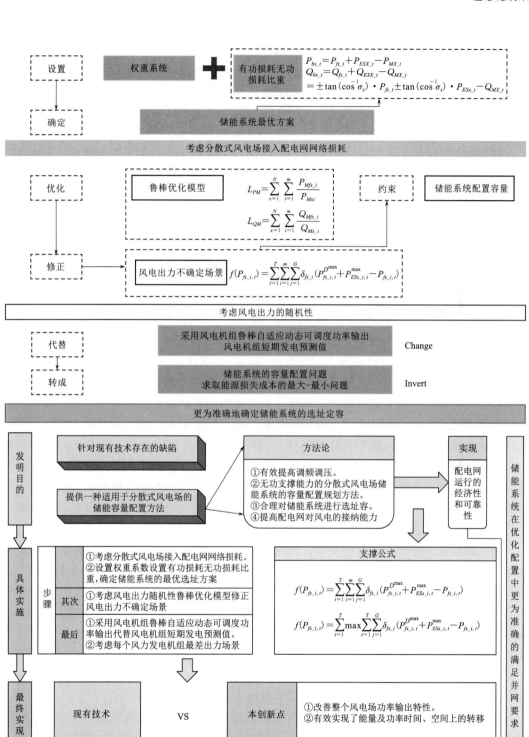

图 4.40 基于 BP 神经网络的分布式储能选址定容方法

4. 实施应用情况

通过本项目创新的电网系统数据异常处理与旁路捕获同步技术，攻克的数据安稳存储与大规模矢量图形处理技术，基于大数据的分布式储能最优选址定容方法，支撑国网辽宁省电力有限公司建成了覆盖"源网荷储"全业务流程的监测、分析体系，实现了新能源发展由"促消纳"向"消纳与发展并重"的转变，引导分布式能源合理布局健康发展，具体应用情况如下：

（1）在异常数据处理方面，利用电网系统数据异常处理与旁路捕获同步技术，实现营销业务系统、用电信息采集、调度 OMS 等系统结构化及非结构化场站运行数据高质量的采集和传输，共涉及采集设备、服务器 2000 余台，有效支撑 300 余万条相关数据的接入工作，保障了数据的真实性、可靠性和稳定性，通过波动修正、移位覆盖，累计处理异常字段 237495 个，极大地提高了异常数据的整改效率，平均整改时长由 13.76 天下降至 0.92 天。

（2）在数据展示方面，应用数据安全稳定存储技术，形成近 41TB 的统一、规范、共享、高效的新能源数据资源池，服务各部门、单位分布式能源管理业务贯通，服务"业务一条线"管理模式建设，完成辽宁地区 464 个分布式项目的补贴填报审核工作，累计节约 6032 人/天；应用大规模矢量图形处理技术，完成辽宁地区 351 个新能源项目基于地理信息的全景监测，助力场站规划。

（3）在分布式储能规划方面，利用基于 BP 神经网络的分布式储能最优选址定容技术，依托云平台强大算力，依靠大数据方法实现最优配置，更有效地发挥分散式风电场的并网特性，在保证分散式风电场就近消纳、自发自用的同时有效增加并网容量。应用该技术，已完成近 100 万 kW 分散式风电储能规划。通过储能规划，服务生产经营管理，促进清洁能源消纳，助力"双碳"目标实现。

本项目研究成果具有广阔的市场前景，异常数据处理、数据展示及分布式储能规划方法，均可在其他网省公司及能源行业相关主体推广应用。异常数据处理与展示相关技术可持续向行业外推广，主要集中在通信、政务、交通等对数据质量、展示要求较高的行业。

5. 社会效益与间接经济效益

（1）服务国家能源相关部门决策。为政府部门及相关机构提供详实、可靠数据和观点支撑，引导政策出台，促进新能源科学有序发展，全面推动新型电力系统构建，为实现"双碳"目标贡献力量。

（2）服务电网企业分布式能源管理。支撑电网企业建立"全环节、全贯通、全覆盖、全生态、全场景"的新能源开放管理体系，规范相关标准及业务流程，提升新能源现代化、集约化、精细化管理水平和效率。

（3）服务企业运营成本。为相关企业提供设备在线运行信息，场站实时运行数据、开发布局规划信息等，降低新能源制造厂商和发电企业成本。

（4）国网辽宁省电力有限公司信息通信分公司与安徽继远软件有限公司合作完成的研究成果，由安徽继远软件有限公司负责生产和销售，从 2019 年 11 月至 2021 年年底，安徽继远软件有限公司先后与国网宁夏、芜湖等单位签订了销售合同，销售产品涉及云平台、数据治理、数据存储、新能源规划等内容，累计新增销售收入 14980.24 万元，新增利润约 3040.09 万元。

成果案例 14：基于区域光伏功率预测技术的电网可开放容量测算平台

1. 背景

山东是我国光伏装机容量第一大省，"双碳"目标背景下，新能源高速发展，电网形态由传统单源网络转变成复杂多源网络，而光伏发电存在间歇性、随机性和波动性等特点，其井喷式的增长接入对电网调度、规划设计带来严峻挑战，表现为：弃光率增加、设备反向重载、电能质量越限等，如何更加准确地预测光伏出力是实现新能源高效消纳、解决电网安全运行问题的关键，为此，本项目开展了基于电站运行数据的区域光伏高时空分辨率功率预测技术研究。以聊城电网为例，目前区域光伏预测技术主要存在以下问题：

（1）聊城光伏装机容量 246 万 kW，占总装机容量的 30.34％，但早期光伏电站数据采集系统功能单一，各光伏电站的出口功率、电压、电流等采样数据缺少授时同步，存在数据失准及缺失问题导致高精度的区域光伏出力预测难以开展。

（2）由于区域内部分光伏电站存在着信息盲区，单一电站的出力预测方法和结果难以应用到区域电网。此外，各类规格不一的光伏电站的密集接入使得区域光伏出力的开展需要获取大量的历史气象数据和出力数据，将极大地提高区域光伏出力预测的难度。云团的遮挡可造成光伏发电系统输出功率的瞬变。受制于气象数据采集频率以及图像识别技术的精度，现有的技术手段无法对光伏电站功率的瞬变进行高精度的预测，进而导致区域光伏出力预测精度的降低。

（3）区域光伏多源数据的修正缺少相关理论与技术支撑，且尚未有文献针对光伏电站选址对区域光伏出力预测精度的影响进行深入分析，在一定程度上制约了区域光伏出力预测精度的提升。

为此，项目研究成果对提高光伏电站接入能力和区域电网运行性能具有重要的理论和实用价值，将产生显著的经济和社会效益。此外，相关技术成果也可对其他可再生电源（如风电、波浪能发电）的功率预测提供借鉴，具有技术迁移的潜力。长远来看，区域光伏数据采集和功率预测是以新能源为主体的新型电力系统的重要部分，是人工智能技术与智能电网结合的重要一步，将为电网大数据开发和人工智能调度提供必要的技术支持。

获奖：2022 年度电力职工技术创新奖一等奖。

完成单位：国网山东省电力公司聊城供电公司。

完成人：王琳、侯承昊、张岩、王华莹、李勇、朱辉。

2. 成果简介

以山东省科技项目为依托，以区域光伏功率高精度预测、电网可开放容量评估为目标，项目从理论分析、关键技术、管理优化和试点应用展开研究。

项目开展了基于物联网技术的光伏发电多源数据采集方法的研究，采用双向有源授时的方式，根据工程需要，按照一定间隔，由北斗系统中心站发送信号，经卫星传输同时发送到不同区域光伏电站所有的北斗模块中。北斗模块收集时间戳和位置信息，并由 I/O 串口传输到光伏逆变器 DSP 控制器模块中。DSP 模块收到和存储时间戳，在下一时刻启动电压、电流测量设备，对各光伏电站的数据进行实时采集，并与收到的时间戳、位置信息匹配, 经光纤或 GPRS 通信统一上传到平台, 并根据时间戳和位置信息分类存储, 实现多源数据的同步采集。提出了基于多源数据的区域功率预测技术, 基于少量基准光伏电站的出力数据实现了区域总出力的预测, 利用 ANN 模型预测精度优化了基准光伏电站选取规则, 分析了不同电站配置差异对预测的影响并提出了改善方案, 实现了不同时间尺度的区域光伏出力预测。研发了基于并网逆变器运行数据的光伏电站功率预测方法, 利用粒子群优化算法以及人工神经网络, 基于逆变器运行数据对云团性质进行了逆向推导, 并进一步结合光伏电站的实际布局, 实现了光伏电站在云团遮挡工况下的低时间尺度功率预测。研发了电网设备可开放容量测算系统, 并依据测算结果, 创新分布式光伏接网规划管理模式, 构建"数据层—分析层—决策层"阶梯式分布式光伏接网规划管理机制, 发挥大数据优势, 为公司提供科学、精益、高效的决策支持, 提升分布式光伏接网管理水平。项目成果在聊城公司展开示范应用, 取得良好效果。

项目团队历经多年攻关, 区域光伏功率预测的时间分辨率已从 15min/次提高到 1min/次, 预测精度从 85% 提高到 93.14%。

项目申请专利 4 项, 授权发明专利 2 项; 发表论文 3 篇 (其中 SCI 一区 1 篇, 核心期刊 2 篇); 开发光伏功率预测及可开放容量测算系统 1 套。IEEE Fellow、北卡罗来纳大学的卢宁教授评价本项目对超短期光伏功率预测精度有重大提升。

项目研究成果对提高光伏消纳能力和区域电网安全稳定运行具有重要的理论和工程实用价值, 已应用于山东的聊城、滨州电网, 提高了光伏消纳能力, 增加光伏电量 4047 万 kW·h, 新增售电 2335 万元, 降低了火电机组旋转备用容量, 节约发电成本约 1093 万元, 减少了数据终端运维工作量, 节约人力及设备成本 10 万元, 等效减少标准煤消耗 12963t, 减少 CO_2 排放 34482t, 社会经济和环保效益显著。

3. 主要创新点

(1) 基于北斗授时系统, 采用双向有源授时的方式, 提出了物联网技术的光伏电站多源数据的同步采集和辨识方法, 实现了对区域内光伏电站的运行数据的同步采集与分析。

1) 光伏电站多源数据采集方法。由于光伏发电系统的出力高度依赖于辐照度, 且辐照度在一秒内变化率可超过 50%, 因此, 在进行多源数据的采集时, 应保证多源数据时间戳的一致性, 以提高数据的采集和分析精度。考虑到逆变器控制芯片的处理压力和计算资源, 本项目采用单向授时方案。在单向授时方案中, 需要预先获知逆变器的地理位置才可以实现高精度授时。因此, 在获取时间信息之前, 需要首先获取地理位置信息, 然后基于位置信息获取准确时间信息, 并经过一系列时间校准环节, 获取高精度统一时钟。图 4.41 为北斗卫星授时流程图。

基于上述方案的验证性平台搭建, 如图 4.42 所示。图 4.43 展示了北斗卫星授时秒脉冲测试结果, 经测试, 北斗 PPS 时间精度为 50ns 以内, 完全满足本项目对时间精度要求。

2) 光伏电站多源数据处理方法。多源数据在传输时会因传输延时或传感误差造成一定程度的失准甚至缺失, 数据清洗对于提高深度学习算法的性能至关重要。由于区域光伏出力预测需对大量光伏电站的出力数据进行采集, 本项目提出了对获取的海量数据进行数据清洗的方法, 以提高原始数据质量。

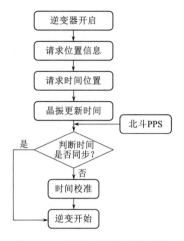

图 4.41 北斗卫星授时流程图

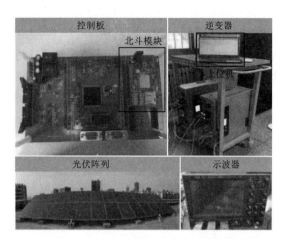

图 4.42 基于北斗授时系统的数据同步
采集实验系统

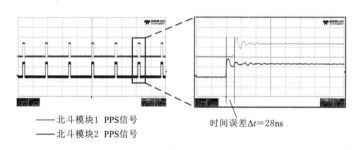

图 4.43 北斗卫星授时秒脉冲测试结果

3）集中式电站与分布式电站间的数据采集配合方法。本项目提出了一种计及空间相关性的光伏电站历史出力数据的修正方法，实现集中式电站与分布式电站数据的配合采集，提高了分布式光伏电站的数据采集精度。

（2）基于人工智能算法，提出了多源数据的区域性光伏功率预测方法，通过综合分析各光伏电站自身的功率预测精度以及皮尔逊相关系数，分析了基准光伏电站配置的差异对预测的影响并改善方案，实现了高精度、高时间分辨率的区域光伏出力预测。基于人工神经网络及粒子群优化算法，提出了基于并网逆变器运行数据的光伏电站功率预测方法，通过对云团性质进行逆向推导，实现了光伏电站秒级功率预测。

1）基于人工智能算法的区域光伏功率预测方法。本项目提出了一种基于数据驱动的分钟级区域光伏出力预测方法，利用人工神经网络模型对基准光伏电站的选取规则进行了优化，在提高了区域出力预测精度的同时保证了区域光伏出力的滚动预测精度。整个系统分为离线训练模块和在线预测模块。离线训练模块包括数据清洗、人工神经网络训练以及基准光伏电站选取。首先，对监控组态软件采集的光伏电站出力数据进行数据清洗，基于拉格朗日插值公式对出力数据的无效值和缺失值进行修复。随后，进行基准光伏电站的选取。基准光伏电站应满足两个标准，即基准光伏电站自身应具有较高的功率预测精度，且基准光伏电站的出力应与区域出力高度相关。基准光伏电站自身的功率预测精度评估是基于人工神经网络实现的。首先，构建多个人工神经网络模型，基于各光伏电站的历史出力数据分别对这些人工神经网络进行训练。本项目将这些人工神经网络定义为 ANN-Ⅰ模型。ANN-Ⅰ模型的输入参量为光伏电站在过去时刻和现在时刻的输出功率，输出参量为未来时刻的输出功率。ANN-Ⅰ模型能够实现光伏电站单站的功率预测，并用于评估各光伏电站自身的功率预测精度。皮尔逊相关系数能够描述两个参量间的线性相关程度，能够评估基准光伏电站出力与区域出力间的相关程度。因此，本项目在选择基准光伏电站时，综合考虑了各 ANN-Ⅰ模型的预测精度及皮尔逊相关系数。在完成基准光伏电站的选取后，进一步需实现区域光伏出力的升尺度预测。在本项目中，区域出力的预测同样是基于人工神经网络模型实现的，此模型被定义为 ANN-Ⅱ模型。ANN-Ⅱ模型的输入参量为各基准光伏电站的输出功率，输出参量为区域光伏总出力。

在线预测模块能够实现区域总出力的实时预测。首先，在线预测模块对监控组态软件采集的基准光伏电站出力数据进行修正，能够显著降低云团或线路故障对区域出力预测精度的影响。其次，将各基准光伏电站实时出力数据输入至离线训练模块中训练好的各 ANN-Ⅰ模型中，能够实现各基准光伏电站的功率预测。最后，将各 ANN-Ⅰ模型输出的功率预测结果输入至 ANN-Ⅱ模型中，即可实现高精度的区域光伏出力的预测。

2）基于多时间分辨率预测模型的区域功率滚动预测方法。本项目基于多时间分辨率的人工神经网络预测模型对区域光伏出力进行了滚动预测，解决了滚动预测造成的滚动误差积累问题。通过集成不同时间分辨率下 ANN 模型的预测结果能够灵活地提供不同时刻的功率预测值，且无需针对特定的应用场景进行针对性建模，具有较高的泛用性。

3）基于逆变器数据驱动的光伏电站秒级功率预测方法。项目提出了基于逆变器数据驱动的光伏电站秒级功率预测方法。基于粒子群优化算法及统计学方法对人工神经网络结构和参数初始值进行了优化，提高了模型的收敛速度及预测精度；利用辐照度矩阵描述光伏阵列的遮挡工况，通过分析光伏阵列在部分遮挡时的辐照度特点实现了辐照度矩阵的数据降维；基于人工神经网络模型，以光伏阵列遮挡工况为输入参量，输出功率为输出参量，实现了任意遮挡工况下光伏阵列输出功率的推导；结合逆变器群的输出功率与训练好的人工神经网络实现了光伏阵列遮挡工况的逆向推导，并进一步结合光伏阵列的位置信息构建了虚拟云图。最后，依据光伏电站的布局结构实现了光伏电站的秒级功率预测。针对聊城市大量因分布式光伏接入而引发的设备重过载问题，应用功率预测技术，开展设备可开放容量评估，实现分布式光伏接网项目"定期评估-问题诊断-成效评价"全过程管控，为分布式电源接网规划精益化管理提供技术支撑。

4. 实施应用情况

项目成果自 2020 年 8 月在聊城市全市电站中进行了推广应用。依托该项目创新提出的基于数据驱动的分钟级区域光伏出力预测方法，建立了新型的功率预测模型，显著提高了电网消纳阳光的能力，进而减少了由于限电给光伏业主带来的经济损失，增加了光伏电站投资回报率。帮助光伏电站生产计划人员合理安排光伏电站的运行方式，例如在无光照期进行太阳能设备的检修和维护，减少弃光，提高光伏电站的经济效益。预测准确率由 88.2% 提升至 94.3%，增加光伏消纳 2185 万 kW·h，降低旋转备用容量，减少煤炭消耗约 320（g）$\times 2185 \times 10^4$（kW·h）$=6992$t，减少 CO_2 排放 $2.66 \times 6992 = 18599$t，降低发电成本约 2185×10^4（kW·h）$\times 0.27$［元/（kW·h）］$=590$ 万元，新增售电约 2185×10^4（kW·h）$\times 0.5769 = 1261$ 万元，节约人力和设备成本 5 万元，合计约 1855 万元。同时该项目应用于聊城市设备反向重过载、设备过电压等问题，2021 年合计列 267 个台区的重过载治理工程，优化工程消纳方案，科学指导 78 万 kW 分布式光伏有序接网，不断提升电网接纳能力和可靠水平。

项目成果自 2020 年 8 月在滨州市电网进行了推广应用，预测准确率由 86.8％提升至 92.1％，增加光伏消纳 1866 万 kW·h，降低旋转备用容量，减少煤炭消耗约 320（g）$\times$ 1866×10^4（kW·h）$=5971$t，减少 CO_2 排放 $2.66 \times 5971 = 15883$t，降低发电成本约 $1866 \times$ 10^4（kW·h）$\times 0.27$［元/（kW·h）］$=503$ 万元，新增售电约 1862×10^4（kW·h）$\times$ 0.5769［元/（kW·h）］$=1074$ 万元，节约了人力和设备成本 5 万元，合计约 1582 万元。同时该项目应用于解决聊城市设备反向重过载、设备过电压等问题，2021 年合计列 142 个台区的重过载治理工程，优化工程消纳方案，科学指导 44 万 kW 分布式光伏有序接网，不断提升电网接纳能力和可靠水平。

5. 社会效益与间接经济效益

（1）有力推动能源接入。项目应用双层人工智能技术，大大提升区域光伏功率预测的精度，并科学评估可开放容量，提前预警台区反向重过载风险，通过光伏接网规划管理优化，实现了电网资源、能源资源的统筹配置和优化整合，实现光伏接网规划和电网项目储备实现有效衔接，推进分布式光伏接网项目早落地、早投产、早达效，实现经济社会与电网协调发展，助力聊城实现在鲁西大地率先崛起的目标，推动聊城"双碳"进程。同时先进的预测技术、创新的管理思路也为风电、储能、电动汽车等新能源接入电网提供了有效参考，为后续搭建新能源综合数据平台奠定基础。

（2）有效提升社会能效。保障分布式光伏快速发展的接网需求，服务国家能源战略，推动分布式光伏在更大区域的优化配置，有力提升能源利用率，实现资源高效配置、节能减排，为分布式光伏用户增收，改善空气和环境质量，营造文明、和谐、优美的生活环境做出了贡献，有力支撑国家光伏扶贫工作。

成果案例 15：基于智能融合终端的三相不平衡综合治理系统

1. 背景

（1）保障度冬度夏供电需求。近年来频繁出现极寒、极热情况下，配变台区用户接入不均衡，煤改电供暖、大型制冷空调等大功率负载的随机启停容易造成单相或两相过载停电，大负荷期间电供不上、复电困难。

（2）快速恢复供电抢修需求。由以上情况导致的抢修以往需将配电变压器及所带用户全部停电，将配电变压器及所带用户全部停电，将用户调整至相对平衡的接户状态。这样抢修的停电时间往往超过 2h，且均负荷效果仍不佳，往往出现频繁多次停电，度冬度夏期间给客户带来极差的用电感受。

（3）电网资产成效发挥需求。近年来，国家电网有限公司大量投资安装智能融合终端，仅 2020 年在国网北京市电力有限公司投入 3.3 亿元，安装智能融合终端 29740 台。截至 2022 年年底，国网北京市电力有限公司丰台供电公司已安装融合智能终端 6400 台，城市核心区域覆盖率达到 100％。融合终端可支撑电网设备物联的全面应用，但实际应用仍不多，其应用接口充分开放，等待各方面综合应用的接入。

（4）规范低压接户改善需求，架空线路上低压用户分散接入，在电杆上大量飞线、大量布管，上杆作业也变得越来越困难。而接户线抢修、均负荷以及其他各类检修等需上杆作业，乃至频繁上杆，而繁杂的线管布置给检修抢修带来诸多不便。

（5）电网企业降损节能意义。据统计，三相不平衡治理后可降线损 3.2％，以常见的 400kVA（负载率 80％）配变为例测算，可降低线损功率约 3.82kW，年节约购电 33463kW·h，可降低约 15t 标准煤的碳排放，这对于实现"双碳"目标、推动能源消费电气化具有重要意义。

获奖：2022 年度电力职工技术创新奖三等奖。

完成单位：国网北京市电力有限公司丰台供电公司。

完成人：黄玲、黄佳、张纯、丁纪军、刘毅然、刘瑶、李文辉、于克飞、高杨、王大玮、张哲文、刘萌森、李杰、赵朋、张伟豪。

2. 成果简介

本项目由国网北京市电力有限公司丰台供电公司运维检修部员工，针对台区三相不平衡下重过载停电，结合智能融合终端应用拓展，提出的基于智能融合终端的三相不平衡综合治理系统，包括智能融合终端三相不平衡综合治理 App 和三相不平衡综合治理接户箱，采用现有智能融合终端＋三相不平衡综合治理 App 替换智能换相终端，大大降低了三相不平衡治理设备成本，采用的三相不平衡综合治理接户箱同时具备人工调整接线和自动换相两种三相不平衡治理方式，实现三相不平衡负荷的动态调整，紧急状况下强制换相避免单相过负荷导致跳闸停电。

（1）产品适用范围广泛。通过并联回路分支引入换相开关，实现 10ms 内零过渡换相；装置额定输入电流 250A，换相额定电流 120A；合理安排换相开关数量，三相不平衡控制在 15％以内；换相开关可换相次数超过 20000 次。项目产品用于配电变压器低压台区以下，各用户集中接入点，适用于 11 户以下低压用户的接入需求，分为壁挂式、杆式和立地式三种安装形式。对于三相不平衡的台区，通过就地三相不平衡动态调节，实现三相负载平衡，避免单相或两相过载导致的台区停电事件。

（2）具有自主知识产权。项目获得国家电网有限公司独有发明专利授权 1 项，经过产品孵化完成成熟度提升，完成转化协议签订，纳入 2023 年度国家电网有限公司运检业务职工技术创新推广应用清单，通过国网小 e 平台推广应用。

（3）经济社会效益突出。一是杜绝过程中反复停电均负荷导致停电，提高优质供电服务水平；二是有效降低相应人工抢修工作强度，简化抢修人员作业方式，预计年度可减少度冬度夏抢修成本约 8000 万元；三是三相不平衡治理后可降线损 3.2％，助力实现"双碳"目标。国网北京市电力有限公司全面治理后年度可节约购电成本 8107 万元。项目获得收益 40 万元，保守估计设备需求在 4 亿元以上，国家电网有限公司成果转化收益超过 4000 万元以上。

3. 主要创新点

（1）项目采用现有智能融合终端＋三相不平衡综合治理 App 替换智能换相终端，减少换相开关型三相负荷自动调节配套的控制装置的额外投入，同时有效发挥智能融合终端的效用。

（2）依托智能融合终端强大计算能力，植入三相不平衡综合治理 App，加入单相、两相重载启动自动换相算法，既能支持集中控制换相开关开展三相不平衡自动调节，也能支持紧急状况下强制换相避免单相或两相过负荷跳闸。

（3）通过对三相不平衡综合治理箱设计，同时设置了人工调整接户和自动换相，可实现对于静态三相不平衡开展人工接户调整，实现三相负荷的重新分配；又通过自动换相开关接入合适的单相负载，随机动态调节三相不平衡，有效减少换相开关自动调整频次。

（4）采用新型无拉弧长寿命换相开关，机械开关和电力电子开关相结合，实现换相过程中机械开关零电压、零电流开通关断，具有无供电中断、电路结构简单、原理上避免相间短路问题、保证无拉弧，对用户用电设备无影响。

（5）本项目设计研制的三相不平衡综合治理箱，通过电缆接户引下规范化接户，便于运维检修工作开展，可实现低压电杆高效规范管理，同时绝大多数低压抢修工作调整为地面作业，无需登杆开展高处作业，减小运维检修作业安全风险。

4．实施应用情况

（1）该项目于 2021 年 6 月国网双创中心取得孵化立项，为国网北京市电力有限公司取得双创孵化基金 40 万元，并积极推动成果出孵转化，立足现场的创意设计，孵化成具有九级成熟度的电力设备产品。

（2）产品于 2021 年 9 月送型式试验，委托国家电器安全质量监督检测中心（浙江）开展设备检测，检测结果合格，该设备绝缘、耐压、爬电、温升试验、冲击耐压试验、换相时间、换相涌流等各项指标符合相关标准要求。

（3）2022 年 8 月完成了该设备的技术规范书制订，推进了设备平台化招标采购，已完成 1 个批次采购，进入正式供货阶段。

（4）该产品经过层层筛选，纳入了国家电网有限公司运检业务职工技术创新推广应用清单，并与国网电商科技有限公司签订转化协议，2023 年度通过国网小 e 平台上线采购。

（5）该产品在丰台公司 FTM267、南宫路 020 等 5 个台区进行挂网试运行，该装置能有效规范安全接户，低压抢修过程中占主要部分的接户线抢修的安全性有了可靠保障，低压均负荷不再需要整台区停电，不再需要上杆选择调整用户，可实现在线调节自动换相和安全方便的开展调整用户接线换相。

成果案例 16：智能配电房综合监控管理系统的研究与应用

1．背景

配电房是电力系统末端配电网中传输、分配电能的主要电气设备场所，是城市配电网系统的重要组成部分。长期以来，配电房管理工作一直是供电系统运行管理的可靠性的薄弱环节之一，一些配电房开关跳闸和配电房环境过热影响设备运行、配电房水浸导致设备损坏、配电房设备被盗等，既容易烧毁设备，也容易影响用户正常的用电情况。由于低压配电网络缺乏这方面的检测手段，主要由工作人员逐个测量配电装置及巡检，结果是费时费工，既不能及时反映真实情况，也不能及时解决实际问题。

传统的解决方案就是分别安装环网柜、开关柜、变压器等监测设备，以及报警、视频以及环境监控等系统等，但是这些系统具有如下问题：

（1）电力设备资金盗窃案频频发生，盗窃发生时无法报警、监控、记录，导致犯罪分子逍遥法外。

（2）维修维保人员巡检过程无法规范化监督管理，何时、何人、多长时间完成维护工作，没有客观的记录。

（3）没有机房门禁控制系统，在无人值守时出了问题无法及时发现，运营商的安保部门对此要负很多额外的责任。

（4）供电系统没有监控，停电、市电异常、通信电源的状态没有监控，停电后后备电池过放电损坏等。

（5）机房空调、排气扇常年打开，造成运营电费过高。设备房需要控制温湿度，保障设备在正常环境参数下工作，而空调、风机长期运行不仅导致运行耗电，而且使其自身使用寿命缩短，更换频繁，从而导致运营成本一直居高不下。

（6）环境没有监控，出现水浸、起火等无法及时处理，地下电缆接地、发热起火的事故频繁发生。

（7）无法实时掌握配电网运行情况，及时发现设备故障及安全隐患，提高配电系统可靠性。

（8）配电变压器的负载分布每天差异很大，运行过程中变压器自身产生的有功功率损耗和无功功率消耗非常可观，需要对变压器进行经济运行分析和控制。

完成单位：国网山东省电力公司滨州供电公司。

完成人：于睿、冯艳华、宋天邦、鲍国华、韩朔、任龙飞、吕梅、魏学强、曹玉桢、丁培举、张蓓、贺慧、王升旭、孙丽、姜凯、刘莎莎、崔佳宇。

2. 成果简介

本项目研发的智能配电房综合监控系统，监控配电房、箱变、环网柜和环境运行数据、电气运行数据、二次设备状态数据等信息，对配电房、箱变、环网柜运行环境、资产设备状态、供电可靠性和运行经济性的全面和实时的管理，本项目研究将结合 Hadoop 云平台技术和 GPRS/CDMA 无线通信技术，首先进行 IEC 104 标准和 GPRS/CDMA 无线通信模型的协调研究，在此基础上，结合 Hadoop 技术及 DSMP 智能调度技术研究，形成以模型驱动的思想和分布式系统技术构建面向整个配电房的高性能综合数据服务平台的方法，研究构建部分智能化应用方法。

获得发明专利受理 1 项，在国家核心期刊发表学术专业论文 1 篇，提供智能配电房综合监控管理系统报告 1 份。

智能配电房综合监控管理系统通过多种智能终端装置的组合形成一体化解决方案，监控配电房防盗、箱变、环网柜和环境运行数据、电气运行数据、二次设备状态数据等信息，通过云平台进行综合数据分析，实现对配电房、箱变、环网柜运行环境、资产设备状态、供电可靠性和运行经济性的全面和实时的管理，并可将分析结果随时随地提供给相关管理人员。试点成功后，在大中型城市的小区配电房（室）、箱变、城市环网站进行推广应用，先期实现城市配电网设备的无缝监视和城市配电网系统的无死角管理。

针对配电房、箱变、环网柜等分布广、数量大、维护人员多、管理与监控困难的特点，确保配电房、箱变、环网柜能够集中管理，统一监控、云平台实施分析、准确定位并迅速做出反应，直接降低配电用电损耗、配电设备管理维护成本和防灾防盗能力，提高运行维护质量等目标，提高用户的使用满意度。

3. 主要创新点

（1）基于配电房 SCADA 系统、IEC104、GPRS/CDMA 技术，实现配房的数据采集整合方法，并建立标准化综合数据服务平台方案。

本项目设计的智能配电房的综合监控管理系统以配电房 SCADA 为依托，建立统一的通信方式和标准的数据采集平台，实现配电房、箱变、环网柜现场设备实时数据和运行数据的采集和控制，形成配电房防盗及环境监控、配变运行监测、供电电压监测、配电线损分通过与相关应用系统的集成析等各类专业应用。

（2）以大数据为基础，通过对配电房各种数据（属性、状态、环境、历史等）的综合有效运用，实现云平台远程调度和智能安全监控配电房方案。

系统根据各监控装置上报的各种电气信息，按照配电网变结构耗散拓扑模型，进行故障区域判断，指出故障区域，生成故障隔离命令序列和非故障区域恢复供电命令序列。自动或人机交互下发执行，为可靠、快速恢复配网供电发挥作用。

（3）研究云台监控中心根据负荷情况和环境温度发布命令控制配变监控终端自动调整变压器的有载调压和无功投切管理以达到减低损耗的方法。

该系统具备配变经济运行分析功能，配电变压器的数量和容量都很庞大，在运行过程中变压器自身产生的有功功率损耗和无功功率消耗非常可观。该功能针对小区配有多个变压器的使用情况下，依据负荷需求，给出变压器经济运行方式，人工或自动控制变压器的投入和切除，从而降低损耗、节约电能并延长变压器使用寿命的装置。

4. 实施应用情况

（1）实现对配电房、箱变、环网柜运行环境、资产设备状态、供电可靠性和运行经济性的全面和实时的管理，并可将分析结果随时随地提供给相关管理人员。

（2）该系统根据各监控装置上报的各种电气信息，按照配电网变结构耗散拓扑模型，进行故障区域判断，指出故障区域，生成故障隔离命令序列和非故障区域恢复供电命令序列。自动或人机交互下发执行，为可靠、快速恢复配电网供电发挥作用。

（3）该系统具备配变经济运行分析功能，配电变压器的数量和容量都很庞大，在运行过程中变压器自身产生的有功功率损耗和无功功率消耗非常可观。该功能针对小区配有多个变压器的使用情况下，依据负荷需求，给出变压器经济运行方式，人工或自动控制变压器的投入和切除，从而降低损耗、节约电能并延长变压器使用寿命的装置。

（4）实时掌握配电网运行情况，及时发现设备故障及安全隐患，提高配电系统可靠性。

（5）实现城市配电网设备的无缝监视和城市配电网系统的无死角管理。

（6）针对配电房、箱变、环网柜等分布广、数量大、维护人员多、管理与监控困难的特点，确保配电房、箱变、环网柜能够集中管理，统一监控、云平台实施分析、准确定位并迅速做出反应，直接降低配电用电损耗、配电设备管理维护成本和防灾防盗能力，提高运行维护质量等目标，提高用户的使用满意度。

5. 社会效益与间接经济效益

（1）社会效益：本项目提出的解决方案可在大中型城市的小区配电房（室）、箱变、城市环网站进行推广应用，先期实现城市配电网设备的无缝监视和城市配电网系统的无死角管理。

（2）经济效益：本项目针对配电房、箱变、环网柜等分布广、数量大、维护人员多、管理与监控困难的特点，确保配电房、箱变、环网柜能够集中管理，统一监控、云平台实施分析、准确定位并迅速做出反应，提高运行维护质量等目标，提升用户的使用满意度，市场前景十分巨大。

4.3 管 理 成 果

成果案例 17：大型供电企业基于数智赋能的配网主动抢修管理

1. 背景

（1）面向"双碳"目标，打造以电为中心的能源互联网的需要。2020 年，我国在联合国大会上向世界宣布了 2030 年前实现碳达峰、2060 年前实现碳中和的目标，并将其写入 2021 年政府工作报告。国家电网有限公司审时度势，将服务"双碳"目标大局融入"一体四翼"发展布局，提出要加快电网智能化提升和数字化转型，推动电网向能源互联网全面升级，加快构建以新能源为主体的新型电力系统。能源领域是我国最大的碳排放源，对实现"双碳"目标起到关键作用。配电网作为城乡经济社会重要的基础设施，是联系能源生产和消费的关键枢纽，是服务国家实现"双碳"目标的基础平台。在"双碳"目标激励下，宁夏作为新能源资源富集地区，分布式光伏装机容量将迎来井喷，大规模接入配电网就地消纳已成为趋势，这对配电网运行控制提出了更大挑战：一是在新能源大规模、高比例接入场景下，配电网运行控制难度大；二是在新型电力系统框架下，配电主体更加多元，能源流向更加多样，更加考验配电网综合承载能力、全息感知能力和智能调控能力。因此，公司作为首府城市供电企业，必须坚持高站位、高标准、高要求，加快构建符合"双碳"目标的高质量配电网，进一步提高配电网运行控制能力、隐患排查能力、故障抢修能力。依靠数据融合、智能感知、智能决策等手段的主动抢修模式，成为公司提高配电网运行安全控制能力，护航地方经济社会发展的关键之举。

（2）适应智慧转型，变革配电网抢修管理模式的需要。数字经济已经成为全球经济增长的关键动力。在加快建设"数字中国""数字国网"的时代背景下，推动配电网向数字化、智能型转变，已成为业内共识。近年来，国家电网有限公司在推动建设世界一流配电网方面持续发力，成绩显著。然而，对比国际领先目标，其配电网运检模式仍存在不足：一是配电自动化定位不准确，配电自动化长期以配电网调度监控应用为主，受限于覆盖率低，应用效果不显著，对配电网的可视化支撑不够；二是安全防护体系不完善，无线公网遥控存在风险，存在从光纤通信站点入侵控制系统的风险；三是数据共享不充分，采集的数据不能与生产管理系统实现共享，大数据挖掘利用率不高。为解决这些问题，全面提升电网全息感知能力、灵活控制能力、系统平衡能力，适应"大云物移智链"等新技术发展，结合 5G、物联网、人工智能、云计算等新兴技术应用，重新定义多维度、多层次的配电网主动抢修业务，不断提升电网资源配置能力、安全保障能力和智能互动能力，以数字化推动配电网故障抢修向数字化、智能化方向迈进，有效提高配电网抢修效率，提升故障处理效率及快速响应能力，满足供电可靠性及优质服务需求。

获奖：2022 年度电力科技创新奖二等奖。

完成单位：国网宁夏电力有限公司银川供电公司。

完成人：张星、李恒、何锐、李文涛、张韶华、何玉鹏、孔德全、刘二鹏、崇信民、潘庆庆、赵学华、李辉、倪远、赵东森、许艳阳、季升、沈诗祎、王海默、王斌、韩润。

2. 成果简介

国家电网有限公司以智能感知、数据融合、智能决策为主线，以大数据为认知方法，以在线监测、终端边缘感知设备为手段，强化全设备、全状态、全过程、全时域四个维度的穿透分析，实现配电自动化主站系统与供电服务指挥系统的数据交互，通过配电自动化运行数据信息、配电网故障信息、配电网图模、故障自愈等数据资源，支撑主动抢修管理、低电压治理、设备故障分析等信息的全面监测和深化应用，立体展示抢修全景、高效调配抢修资源，提高配网抢修效率，减轻基层人员负担，进一步提升电网服务水平。

基于新一代供电服务指挥平台，打造了集状态智能感知、数据穿透分析、故障精准研判、管控透明高效、资源集约调配等一体化功能的智慧型主动抢修管理模式，成为地市公司提高配电网运行安全控制能力、推动构建能源互联网的关键之举，具有很大的推广应用价值。

通过该项目的实施，有效提高配电网抢修管理效率及供电服务效能，能够有效缩短抢修半径，有效减少停电次数及时长，缩短故障恢复时间，客户满意度显著提升，保障了区域获得电力水平，切实履行供电企业社会责任。

3. 主要创新点

（1）建立数字化配抢指挥大脑，推动智慧决策智能精准。

1）完善供服中心组织配置，实现抢修服务全专业联动。国家电网有限公司供电服务抢修指挥中心计划二级单位（科级建制）管理，内设四个班组：配网调控班、服务调度班、运营监控班、配电二次技术支持班。纵向接受运检、营销、调度的专业管理，为生产、营销、调度提供数据支持及考核依据；横向将分散在各专业和各单位的配电网调度、故障研判、抢修指挥、检修计划、配电自动化主站管理运维等业务集成，直接面对基层班组。各班组分工明确，定位以客户为中心，以提升供电可靠性和优质服务水平为重点，为广大电力客户提供 7×24h 不间断供电服务保障。

2）强化营配调业务融合，实现抢修服务全业务协同。发挥配电自动化覆盖面广、实用化程度高的优势，基于营配调贯通工作成效，通过贯通图模、共享实时数据开展配电网主动抢修业务集成工作，大幅缩短配电网故障抢修时长，实现被动抢修向"主动抢修""主动检修"的转变。同时打破专业"壁垒"，深化运检、调控专业在项目建设与应用过程中的协同协作，成立了涵盖配电、供服、信通、调控自动化等多专业人员组成的项目攻关团队，明确了参与班组及人员的职责分工，运检部主要负责开展配电网自动化规划、建设和终端运维消缺等，调控中心主要负责故障研判分析、终端运行情况监测、定值管理等实用化应用工作，各相关部门分工协作、及时解决项目建设和应用过程中发现的问题和提出的功能需求。以提升供电可靠性和优质服务水平为重点，集成配电运营、服务指挥、服务监督等业务，以数据贯通和信息共享促进专业协同和业务融合，全面提升配电网运营效率效益和供电优质服务水平。

3）深化网格化作业模式，实现抢修资源优化配置。根据配电网规模和管理范围，按照目标网架清晰、电网规模适度、管理责任明确的原则，公司将市区、县域 10kV 配电网供电区域划分为多个供电分区，一个供电分区包含若干个供电网格，一个供电网格由若干组供电单元供电，构建服务网格化管理体系。实现每个单元网格内都设置一个服务驻点，配备相关业务责任人员及车辆，运维驻点人员结合充足的外委队伍，实现资源科学、高效配置，形成设备运维、营销、服务"横到边、纵到底"，解决客户"最后一公里"问题，为客户提供优质、快捷的服务。

4）打造数字化供服指挥平台，形成信息融合一张网。围绕"供好电、服好务"深化供电服务指挥体系建设，组织架构上做优服务调度指挥，做实服务前端执行，做强服务后台支撑；信息支撑上打造敏捷型柔性攻关团队，实现企业中台与业务平台建设快速决策、快速开发、快速应用，加快建成"前端融合，中枢指挥，后端支撑"的数字化供电服务指挥体系。依托"信息在线、过程透明、流程融合、智能互动"的供服平台，全方位支撑供电服务指挥中心实现业务全监控、管理全闭环、专业全联动。

（2）建立数字化监测感知网络，推动设备状态全景感知。

1）建立配电网全景监测网络，实现设备状态可视透明。立足数字化电网全场景，建设整套的配网监测系统，全面推进配电自动化系统、开闭所在线监测系统、电缆通道在线监测系统研究及部署，并实现智能终端及智能电表全面覆盖，建立起透明化、可视化、全景画的配网监测网络。一方面，实现 7×24h 全天候全时段的在线监测，运维人员得以实时掌握配电网设备运行情况；另一方面，有效减轻运维人员工作负担，减少运维人员现场巡视，优化运维检修计划。

2）建立配网状态感知网络，实现设备运行智能感知。全面开展与现有信息系统融合的 RFID、二维码、智能芯片等设备智能识别技术推广应用，结合各类设备状态传感器、在线监测装置、智能穿戴、移动终端、北斗定位等感知手段，构建电网设备及运检资源物联网，实现电网设备、运检资源信息互联互通，建立统一数据模型，实现设备识别、状态感知、资源展示的无缝衔接，开展各类场景应用。基于感知装置统一接入和边缘计算框架标准，实现生产设备、辅助设备、电网环境的状态信息采集及边缘计算应用，支撑设备状态的全景感知。

3）推进多源数据融合分析，实现设备故障精准研判。一是故障自动告警。在中压侧，接入了配电自动化系统的单线图图模数据，形成了国网宁夏电力有限公司完整的中压拓扑网络，并接入了配电自动化的开关变位信息及故障跳闸信号、用电信息采集系统的配变停上电信号，实现了中压侧故障自动获取。在低压侧，接入了 HPLC 表计的停上电信号，汇集智能融合终端采集的漏保开关、LoRa 等低压监测装置信号，构建完整的低压侧拓扑结构，实现了低压侧故障自动获取。二是隐患快速排查。基于设备运行年限、供电能力、电能质量、三相不平衡等相关信息，结合设备的运维检修记录，打造设备全景画像，构建设备健康度分析模型，实现设备健康状态评价。基于设备画像和设备健康状态评价结果，将传统的周期性巡视计划安排，转化为基于设备运行评价的状态巡检。结合智能运检功能的上线，完成基于设备健康状态评价的智能巡检应用，实现隐患快速排查。三是故障精准定位。依托 GIS、PMS、营销系统的"站-线-变-户"拓扑关系，以及计划停电、用户欠费、线路故障、配变停电、低压线路停电等多类信息进行综合研判，精准定位中低压故障类型和部位，辅助完成同一停电事件的工单合并，提升抢修效率。

（3）实施抢修作业集约管控，推动抢修作业主动高效。

1）更新抢修策略，实现抢修资源集约调配。提供对抢修队伍、外协队伍、物资点、抢修工器具、抢修专家人员信息基础信息维护功能，同时基于季节性特点、历史抢修事件和量化评价等信息，迭代更新抢修策略，优化网格布点、调整抢修梯队人员，车辆和备品备件库存，实现抢修资源的差异化配置。

2）实施故障停电精准分析，确保自动通知到户。通过对"站-线-变-户"等设备信息监测，依托营配调数据贯通，第一时间获得电网故障的多方面信息，对配电网故障主动研判、准确定位，借助 GPS 车辆轨迹信息和作业现场 3G 视频信息，合理指挥最优抢修力量，及时高效地开展主动抢修服务。同步统计停电影响范围，根据定制主动告知客户停电事件，改变原有依靠客户报修的被动方式，实现主动告知。在大批量故障报修工单达到之前，开展提前抢修并温馨提醒客户，从根本上降低故障工单总量和客户投诉风险，提升故障抢修效率。

3）主动派发工单，推动作业管控透明高效。依托营配 App 移动作业端，实现业务应用、监控分析、工单管控全过程协同，展示定位故障点，及时获取停电范围及影响客户，并通过短信、网上国网、微信等渠道，主动向客户推动故障停电、抢修进度和计划复电时间等信息，实现乡村电力抢修工作"一张工单、一支队伍、一次解决"，有力服务电力及时抢修、快速恢复。

4）加强主动抢修常态评估，提高抢修服务效能。全面核查以数字化主动抢修管理模式为引导的运维抢修效能及供电服务质量问题，并开展常态化评估，从主动抢修管理实施和主动抢修管理成效两个方面进行评价，总结管理优势和薄弱环节。其中，管理实施评估方面，从量、质、期三个维度，客观评价重点工作任务的完成情况；主动抢修管理成效方面，依托业绩考核指标和对标指标，从标杆、目标和历史三个方面开展关键指标评价，科学评价配电网数字化主动抢修管理成效及实施应用成效。基于系统数据及现场反馈数据整合评估结果，围绕数字化主动抢修管理工作的核心内容，提出改进提升建议，形成典型案例，实现智慧赋能的数字化主动抢修管理闭环管控，推动抢修主动性及服务质量持续提升。

（4）夯实主动抢修保障措施，支撑主动抢修体系有效运作。

1）完善制度标准体系，深化建设成果应用。聚焦数字化全渠道感知、故障研判、工单驱动全链条，编制完善相关制度标准，将建设成果进行固化。统一配电网数字化主动抢修管理、功能架构、用户侧末端融合、故障智能研判分析等技术标准，为抢修业务统一管理、数字化业务应用开发提供统一的技术标准和框架。建立平台操作类、统一指挥类、抢修管理类管理规范，为主动抢修管理明确统一的行动准则，保障数字化主动抢修经验方法转化积淀。

2）深化风险预警管控，减少客户停电风险。一是重要/重点用户停电预警；二是频繁停电预警；三是保电全过程监督管理。构建"保电任务下达处置，保电资源综合调配、保电对象实时监测、保电任务自动提醒、保电过程实时跟踪、保电结果事后评价"机制，保障保电任务有效开展，提升重要用户供电服务质量。

3）夯实应急处置机制，提高协同作战能力。一是数据汇集，精准研判。基于中台电网设备数据信息、全渠道客户诉求、客户画像标签信息等多元数据在供指平台汇集，总值长组织开展综合分析，精准研判服务事件等级，快速制定应急策略。二是共享互通，协同作战。总值长指挥三个班组协同作战，配调班通过供指平台"停电管控"模块，开展故障研判与隔离操作，并通过微信、网上国网 App、短信等渠道向客户发布停电信息；客服班通过供指平台"服务管控"模块开展诉求全过程在线处置，通过移动作用 App 回传GPS 坐标监督抢修轨迹，并向客户推送抢修进度，确保抢修过程公开透明；基于中台传送的客户画像标签信息以及配调班共享的停电范围信息，对停电、服务敏感客户推送个性定制化信息，指挥前端网格经理到现场开展主动服务；运营班基于配调、客服班共享数据信息，通过"辅助支撑"模块开展服务风险辨识，发布服务预警信息，指导责任单位采取风险预控措施，防范服务舆情与投诉风险。三是跨级调度，高效指挥。总值长可根据事件等级与紧急程度，跨层级、跨专业、跨区域调度服务资源，对市、县公司领导班子成员直接下达"服务调度指令"，根据供指平台抢修资源模块跨区调动应急发电车、抢修队伍等资源，加快应急响应，精准决策，确保快速恢复电力供应。

4. 实施应用情况

本成果创造于 2019 年 5 月，于 2020 年 5 月开始全面应用，截至 2022 年 4 月，已在银川公司及基层单位实际应用 2 年时间。

（1）有效提升配抢管理及服务水平。

一是有效提高配网抢修管理效率。通过应用数字化配电网主动抢修模式，显著提升配强管理效能。实现抢修接派单、勘查、抢修、复电等全过程可视化管控，App 接单率、到达超时率、现场兑现率等核心管控指标实时展示，GIS 全景展示抢修队伍、驻点资源、抢修人员移动轨迹等，全流程展示在途、勘察、抢修、恢复送电等工单详细情况，支撑抢修过程全景化监控，提升抢修效率，平均接单时间减少 95s，提高供电服务水平和质量。二是有效提高供电服务效能。通过应用新的管理模式，以停电管控为龙头，提升供电效能，努力实现公司万户工单下降 8.41％，主动工单转化率提高 5.41％，故障平均修复时长下降 30.10％，向"抢修快、多供电"目标推进，实现管理创新助力提质增效。

（2）全面提升客户"获得电力"水平。

通过实施数字化配电网主动抢修服务，有效缩短抢修半径，有效减少停电次数及时长，有效提高故障恢复时间，客户满意度显著提升，保障了区域获得电力水平。面向客户的各项指标均显著提升，停电类投诉工单同比下降 78.57％，10kV 配电网故障次数降低23％，故障平均到达时间由 14.78min 缩短至 14.38min，故障平均修复时间缩短21.29min；95598 系统工单同比下降 1.98％，客户满意率达到 99.76％。

（3）彰显企业社会责任。

公司通过开展大型供电企业基于数智赋能的配网主动抢修管理成果应用，落实了主动抢修管理"三坚持、三领先"的目标，即"坚持发展为要，努力实现电力保障领先；坚持文化为要，努力实现价值创造领先；坚持人民至上，努力实现为民服务领先"，让公司当前高质量的电网发展和卓越的客户服务，充分获得社会各界的认可。2020 年公司先后获得"国家电网公司先进集体""全国文明单位""全国五一劳动奖状"，并于 2019—2020 年作为全国重点城市之一参加了国家发改委营商环境评价并获得 A 类标杆城市，"获得电力"指数测评成绩名列前茅。

5. 社会效益与间接经济效益

（1）社会效益：通过应用数字化配电网主动抢修模式，有效缩短抢修半径、减少停电次数及时长、提高故障恢复时间，显著提升了供电服务水平和质量，平均接单时间减少95s，故障平均修复时长下降 30.10%，保障了社会用电需求，客户满意度显著提升。面向客户的各项指标均显著提升，停电类投诉工单同比下降 78.57%，10kV 配网故障次数降低 23%，异常台区治理完成率达到 100%，电压合格率提升 0.01 个百分点，故障平均到达时间由 14.78min 缩短至 14.38min，故障平均修复时间缩短 21.29min；95598 系统工单同比下降 1.98%，客户满意率达到 99.76%，供电可靠性 99.96%，D 类电压合格率99.923%，全面提升客户"获得电力"水平，切实履行供电企业社会责任。

（2）间接经济效益：该成果实现公司万户工单下降 8.41%，主动工单转化率提高5.41%，可极大减少供电企业劳动用工及值班人员日均接待量。同时有效提升故障抢修效率，减少基层运检人员的工作量，提高基层班组工作成效，最大限度把隐患消灭在故障发生之前，用户平均停电同比缩短 2.29h/户，减少客户停电损失。

成果案例 18：基于智慧物联体系的配电设备数据共享管理与应用

1. 背景

随着配电网现代化管控水平不断提升，配电网管理模式逐步从"传统人工驱动"向"数据智能驱动"转变，供电企业配电网运行维护存在配电信息覆盖面不全、各专业感知设备重复部署、新兴业务支撑能力不足等问题，直接影响了数据的真实性、准确性、有效性，难以一次性采集、集中统一管控，给电网企业运营分析和领导决策造成不便，提升数据质量、建立可靠的数据管控机制迫在眉睫。同时，在基层人员数量不变的基础上，配电网规模逐年增大，运维力量结构逐渐失衡，配电网服务能力已难以满足用户需求，主动运维、主动服务的难以建立造成用户需求感知能力不强，用户用电的参与度、互动性不高，导致满意度提升遇到瓶颈。

配电网管理水平直接影响着供电质量，代表着企业的服务能力，关系到企业形象。为全面提高配电网精益管理水平，国网河南省电力公司洛阳供电公司立足公司实际，有机融合配电网侧"业务流"与"数据流"，强化大数据分析，推动配电网数据价值挖潜应用，然而在具体实施过程中，存在数据共享不充分、数据与业务依然存在着断层等问题：一是数据共享不充分，数据共享专业壁垒凸显，与一次采集或录入、共享共用的目标存在较大差距，严重影响了配电网侧的数据价值挖潜；二是在配电侧存在业务即时性不足，数据从源头产生到跨专业应用往往需要数小时或超过 24h 的延迟，无法满足对业务即时性要求较高的需求（如故障实时研判、区域能源自治等）。因而迫切要求国网河南省电力公司洛阳供电公司推进跨专业的统筹协调和流程优化，构建数据典型应用场景，完善数据支撑业务手段，从根本上提高配电网的生产效率、管理水平和服务能力，助推公司高质量发展。

获奖：2022 年度电力科技创新奖二等奖。

完成单位：国网河南省电力公司洛阳供电公司。

完成人：徐建、王亮、王敬松、游丹、黄磊峰、杨博、徐刚刚、寇启龙、王伯恩、曹冠男。

2. 成果简介

通过综合运用信息技术和智能管理技术，让供电系统各个环万物互联，提升数据自动采集、自动获取和灵活应用能力，实现全面感知、精准预测和智能决策。一方面，需建立覆盖各专业、各重点领域物联感知需求的智慧物联体系，实现从传感采集到上层业务应用各环节提供全面的指导和依据；另一方面，深入验证智慧物联体系在各类场景可行性，完成"云、管、边、端"配电物联网体系的落地应用。

作为首批应用国家电网有限公司配电物联网顶层设计架构的示范区，率先建成基于物联网技术的智能配网系统，从根本上提高配网的生产效率、管理水平和服务能力。一是智能研判故障区间，定位停电范围精确到户；二是故障抢修智能化处置，变传统被动抢修为主动检修；三是精准识别"变-线-户"拓扑，有效解决营配数据贯通难题；四是实时监测设备运行状态，实质提升供电可靠性。

以"智慧物联体系"建设为突破口，有机融合配电网侧"业务流"与"数据流"，构建配网运营"场景化"管控、区域能源"智能化"自治、客户需求"主动化"服务三大体系，建立监督考核、动态优化、质量管控三大机制，形成数据共享、应用共建、业务共商的智慧物联建设体系，提高智能管控水平、业务管理水平和服务水平。

在能源企业统筹推进智能终端推广和物联网示范区建设，实现对能源企业运营状态的实时感知及监测分析，促进数据共享共建、业务高效协同，推动从事后分析到事中诊断及事前预测转变，促进抢修、服务流程创新优化，助推专业管理模式由"生产主导型"向"服务主导型"转变，为企业高质量发展提供有力支撑。通过推动低压配电网关键设备技术革新，提高主动抢修、故障抢修工作效率。通过开展重点服务政府精准施策的数据应用，在支撑疫情防控和复工复产、住房空置率分析、环保监测、服务小微企业授信、电力看经济等方面取得显著成效，成果得到市政府批示和肯定。

3. 主要创新点

（1）建设智慧物联平台，推动配电设备"数字化"建设。遵照智慧物联体系总体技术架构，以"双扩展、双提升"为建设目标，统筹电源侧、电网侧、客户侧、供应链等领域广泛互联和深度感知需求，构建内外部、跨专业共建共享共用的地市级智慧物联体系，开展配网设备"边-端"建设，在产生数据的地方实现数据融通，完成边和端的配置、管理，云端和边端分析能力的协同，实现感知层"数据一个源"，推动电网数字化转型、智能化应用。

1）设计物联网平台架构，完善智慧物联体系标准。一是设制定物联平台上线试运行及验收标准。根据物联管理平台的运维业务需要，依托公司已有的智能运维支撑平台，结合物联管理平台厂商自身的运维工具构建物联管理平台的运维支撑体系，保证平台自身的正常稳定运行；二是实现信息交互方面实现互联互通。应用统一物联信息模型和统一标准的边缘计算框架、云边交互规范等，实现各类终端标准化、便捷化接入，物联 App 编排式、共享式开发，促进数据标准化采集转换、促进采集数据感知层共享应用，满足业务即时处理和区域能源自治需要。

2）开展"边-端"建设，提高智能设备应用水平。一是在"边"层面，开展边缘计算技术深化应用，开发配电台区 15 个 App 应用，实现配电网户变关系自动识别、电气拓扑自动识别、台区线损分析、停复电自动上报、台区状态感知及三相不平衡治理，在储能电站部署环境感知设备实现设备的主动运维等边缘计算 App，用好、用活各类监测数据，分布式挖掘数据价值。二是在"端"层面，部署电缆隧道安全运行环境状态监测、配电台区在线监测场景及应用、客户侧（屋顶光伏运行状态监测场景、充电桩用能运营状态监测场景、商业楼宇微环境监测场景）、储能侧（储能站关键电气节点运行状态监测场景）共6 个领域 13 个试点业务场景智慧物联示范应用，为推动各类终端统一接入、边缘智能和共享共用奠定基础。三是开展"1 终端 2 卡 3 平台"功能验证。智能融合终端替代集中器抄表台区，用采业务类数据通过智能融合终端向上传至配自系统、物管平台、用采系统，实现台区电能质量管理、停电事件上报、低压故障研判等多项数据并发和"一台区一终端，确保数据一个源"建设目标。

（2）深化物联数据应用，促进配网运营"场景化"管控。将现有专业系统、"大数据"技术与现有专业数据系统相结合，实时采集配电网设备的运行工况，将客户信息感知能力延伸至最末梢，运用海量的设备状态数据，自动识别电气拓扑/户变关系，实现台区状态评估预警、故障范围快速定位和停电信息快速上报，实现对配电台区的分级、分层的精益化管理，有效提升配电网业务效率。

1）强化台区运行监控，助力企业运营质效双提升。一是开展台区状态评估预警。综合配电台区及设备基础台账、资产净值、资产折损率、故障历史情况统计等信息，采用大数据、人工智能等技术，结合全景感知数据，针对异常开展分级评级，计算判断隐患风险，通过低压配电网及设备的动态风险管理和预警体系建立，生成策略和预案，助力实现针对性主动检修。二是开展台区线损精细分析。通过配电台区感知层各类智能感知单元的有效覆盖，就地化获取低压台区电量冻结数据，利用边缘计算技术，结合台区动态电气拓扑关系，对低压台区线损进行准确计算分析，及时将异常等各类情况上送至平台层，实现对配电台区的分级、分层线损的精益化分析管理。三是应用配电终端 App 实现停电信息快速上报。采用台区融合终端及信息通信新技术（HPLC＋微功率无线），开展"停电快速上报"应用，其中"停电快速上报 App"将停电信息告知"时长不可知"优化缩短至"30s"，率先实现抢修进程用户侧全程可视，提高配网台区停电管理水平。

2）强化用电检查管理，有效提升配电网业务效率。一是自动识别电气拓扑/户变关系。通过配电台区线路关键节点监测单元以及末端用户智能电能表，实现各类节点拓扑信息动态获取，基于即插即用与自动注册维护技术，结合物联网设备模型、PMS、主站侧拓扑信息进行自动校核，实现台区变压器-用户关系、供电相位异常等信息的主动发现与自动维护，提升低压配网拓扑模型准确性，实现低压网络拓扑可视化管理。二是实现故障范围快速定位。发挥台区融合终端就地化边缘计算能力和处置优势，结合配电台区电气拓扑/户变关系自动识别功能和地理信息，支撑故障停电精准分析，实现故障点和停电地理分布的即时展示，综合考虑人员技能约束、物料可用约束，采用智能优化算法，制定抢修计划，提高故障抢修效率与优质服务水平，实现区域内故障快速处理，整体提升配电网智能处置和自愈能力。

（3）开展智能决策支撑，支撑区域能源"智能化"自治。充分利用台区融合终端边缘计算优势和就地管控能力，开展台区状态自主分析，优化台区能源自治与电能质量，制定相应的提高策略，提升配网精准施策能力和运行调控能力，实现对配电台区三相不平衡、无功、谐波等电能质量问题的快速响应及治理，全面提升电网安全、可靠、优质、高效供电本质服务。

1）开展台区状态分析，提升配网精准施策能力。一是将台区运行及状态信息纳入到智能配变终端中，开展台区运行状态监测，通过配电台区电气量、开关量、非电环境等三类数据接入，实现对配电网设备运行环境实时监测和全面感知，弥补了中低压配网交汇处的监测空白。二是通过分析反馈数据，结合政府规划，构建负荷预测模型，对配变负荷进行近期、中期预测，为项目立项提供数据支撑，进一步提高配变新增布点和扩容项目储备及立项的科学性、针对性、经济性和合理性。三是开展柱上变压器及箱式变电站"智能配变台区"试点，部署智能配变终端与相关传感器的应用，实现台区环境的状态感知，全面提升试点台区设备状态感知能力，对异常运行或停电情况及时告警。四是通过台区融合终端对分布式电源、储能装置、能量分配转换装置、用电智能控制监测及保护装置的实时监测数据有效汇聚及综合分析计算，实现台区源网荷储全面协调控制。

2）开展供电质量分析，提升配网运行调控能力。一是台区能源自治与电能质量优化。充分利用台区融合终端边缘计算优势和就地管控能力，就地统筹协调换相开关、无功补偿装置、SVG 等电能质量优化治理设备，实现对配电台区三相不平衡、无功、谐波等电能质量问题的快速响应及治理；同时，在应用层分析所有台区历史数据和区域特性等数据，优化改进区域电能质量智能调节策略，进一步满足用户高质量用电需求。二是供电可靠性分析决策。基于配电台区感知层部署的各类感知单元来获知低压配电网及设备的状态信息、电量信息等全景数据，在边缘计算节点完成本地用户停电时间、类型、原因、性质等事件的统计汇总，实时计算中低压供电可靠性指标和参考指标，对供电可靠率不合格的区域制定相应的提高策略，全面提升电网安全、可靠、优质、高效供电本质服务。

（4）打造优质服务前端，实现客户需求"主动化"服务。

1）打造典型应用场景，强化客户需求应用。一是实时感知用能状况。在洛阳龙门营业厅，安装台区智能业务终端，监测温湿度、烟雾浓度、空气源热泵供能系统等信息，部署商业楼宇用能服务 App，实现商业楼宇用能服务监测。二是提供最优用能方案。围绕客户用电需求，开展基于配网及设备承载能力的可开放容量综合计算，综合考虑客户用电需求及增长趋势、主配网规划设计、设备通道路径造价等，为客户提供最优用能方案。三是实行全天候服务响应。依托设备侧电力物联网，全景感知中低压配电网运行状态，实行 24h 全天候服务响应和业务管控，发现异常情况，自动生成维修工单并派发至台区经理或运维人员，主动为客户排除隐患。通过商业楼宇用能服务场景建设，实现整楼空调用能优化控制，平均降低能耗达 15%～20%。

2）开展智能决策支撑，推进营配末端融合。一是强化配网数据智能决策支撑。依托设备侧电力物联网，通过中低压配电网全景状态感知，开展基于配网及设备承载能力的可开放容量综合计算，综合考虑客户用电需求及增长趋势、主配网规划设计、设备通道路径造价等，为客户提供最优供电方案，利用基于配电物联网的各类 App 微应用，实现用电客户接入的线上全景展示和交互。二是推进营配业务末端整合。基于调度自动化、配电自动化数据和图形资源，实现"站-线-变-户"各节点运行工况全覆盖监测和全景展示，合理划分营配网格，一方面，推动"互联网＋营销服务"，实现客户服务"一网通办"，线下"只进一扇门"，现场办理"最多跑一次"，打造高效协同的供电服务前端。

4. 实施应用情况

综合运用先进的检测和控制技术，不断整合分散在各业务系统的数据资源，促进数据资源由孤立向共享转变、业务管理由壁垒向协同转变，有效推进城市能源互联网"数据一个源，电网一张图，业务一条线"落地，实现对洛阳地区配网运营状态的全面实时感知及监测分析，推动从事后分析到事中诊断及事前预测转变，及时发现异动，堵塞管理漏洞，强化风险防控，促进数据共享共建、业务高效协同，为电网高质量发展提供了有力支撑。一是开展重点服务政府精准施策的数据应用，在支撑疫情防控和复工复产、住房空置率分析、环保监测、服务小微企业授信、电力看经济等方面取得显著成效，成果得到各级政府批示和肯定；二是提高主动抢修、故障抢修工作效率，试点台区用户平均停电时长缩短35min；三是试点台区内低电压台区消除率100％，提升用户用电质量，有效提升客户用电"获得感"，有效彰显央企责任形象。

国网河南省电力公司洛阳供电公司智慧物联应用示范建设取得了明显成效，得到省公司和市政府的高度认可，并进一步在全省范围进行推广应用。

5. 社会效益与间接经济效益

（1）社会效益：通过智慧物联体系建设，开展重点服务政府精准施策的数据应用，在支撑疫情防控和复工复产、住房空置率分析、环保监测、服务小微企业授信、电力看经济等方面取得显著成效，助推让城市发展更智慧、企业管理更高效、人民生活更美好，成果得到各级政府批示和肯定。2021 年光伏上网电量 9.06 亿 kW·h 计算，共计减少二氧化碳 90.48 万 t、二氧化硫排放 2.72 万 t，为节能减排及城市建设贡献了坚实力量。

（2）间接经济效益：通过深挖能源数据价值，实现低压配电网主动服务，供电可靠率达到99.992％，提升用户用电质量，有效提升客户用电"获得感"。该项目自成果实施以来，通过线损异常监测分析，促进线损由结果管理向过程管控，及时发现电量少计、窃电、违约用电等情况，试点台区内线损率同比下降 0.08 个百分点，电量减少损失 414 万kW·h，约 233 万元。通过整合分散在各业务系统的数据资源，开展主动抢修、故障抢修、三相不平衡台区治理等活动，提升配电设备利用率，配电网销售额同比增长 327 万元，有效提升了企业运营效益。